Bibliografische Information der Deutschen Nationalbibliothek:

Die Deutsche Bibliothek verzeichnet diese Publikation in der Deutschen Nationalbibliografie; detaillierte bibliografische Daten sind im Internet über http://dnb.d-nb.de/ abrufbar.

Impressum:

Druck und Bindung: Books on Demand GmbH, Norderstedt Germany
ISBN: 9783668829299

Dieses Buch bei GRIN:

https://www.grin.com/document/448263

Ella Zemke

Transgender und Intersexualität als Themen des Biologieunterrichts

Eine kriteriengeleitete Analyse von Unterrichtskonzepten

GRIN Verlag

Bachelorarbeit

Intersexualität und Transgender als Themen des Biologieunterrichts
- Kriteriengeleitete Analyse von Unterrichtskonzepten

Intersexuality and transgender as topics in biology classes
- criteria-based analysis of learning materials

vorgelegt von: Ella Rotraut Christa Zemke

Abgabetermin: 11.09.2018

Inhaltsverzeichnis

1.) Abstract

Die vorliegende Arbeit beschäftigte sich, basierend auf der Queer Theory und den Gender Studies, mit der zentralen Frage, inwiefern Unterrichtskonzepte vielfältigkeitsorientiert sind, sodass sie jedes Individuum, losgelöst von geschlechtlichen Vorschreibungen, miteinbeziehen und respektieren. Der Fokus lag auf der Behandlung von Inter*sexualität und Trans*gender innerhalb der Unterrichtskonzepte.[1] Die Analyse bezog sich auf Konzepte der Sekundarstufe I in NRW. Untersucht wurden wissenschaftliche Arbeiten zur Sexualerziehung, die Richtlinien zur Sexualerziehung und der Kernlehrplan für Nordrhein-Westfalen sowie gängige Lehrbücher aus dem Jahr 2017.

Als Hauptkriterium der Analyse wurde eine queere Grundeinstellung ausgewählt, um die Anpassung an die aktuellen gesellschaftlichen Diskurse messen zu können. Eine Miteinbeziehung von Inter*sexualität und Trans*gender bedingt eine Loslösung von der vorherrschenden Vorstellung von Geschlecht, vor allem für jene Individuen, welche sich in der Gesellschaft außerhalb einer Geschlechtergrenze positionieren, in welcher einzig Mann* und Frau* existieren und gelten.

In wissenschaftlichen Arbeiten wird die aktuelle Problematik wiederholt benannt, jedoch durch die mindere Behandlung von Trans*gender und Inter*sexualität auch produziert. Selbiges gilt für Richtlinien und den Kernlehrplan. Hier wird auf eine Individualentwicklung besonderen Wert gelegt, jedoch nur im Sinne einer Entwicklung hin zu einem Mann* oder einer Frau*. Auf benannte vielfältige Individuen wird kein Bezug genommen. Die Untersuchung der Lehrbücher zeigte auf, dass sich isoliert eine Entkopplung von biologischem und psychischem Geschlecht verzeichnen lässt. Ferner findet eine Auseinandersetzung mit benannten Themen einzig durch eine Benennung, welche partiell diskriminierend und negativ besetzt ist, statt. In einem weiteren Schulbuch finden weder vielfältige Geschlechtsidentitäten, weder noch vielfältige sexuelle Orientierungen Beachtung.

Demnach herrschen für Individuen, welche Trans*gender oder inter*sexuell sind, fortwährend diskriminierende Grundbedingungen und Einstellungen, aus welchen praktischer Schulunterricht hervorgeht. Die Konstruktion von Lösungsansätzen gestaltete sich vielseitig, wie zum Beispiel durch den Vorschlag eines Begriff-Inventars, welcher eine neutrale Benennung von Personen ermöglicht, wodurch jedes Subjekt Beachtung in Unterrichtskonzepten finden kann. Im Verlauf der Untersuchung war festzustellen, dass die Gesellschaft sich in

[1] LGBTIQ* ist ein Akronym und steht für *lesbian, gay, bisexual, trans, inter und queer*. Im Zusammenhang mit der Untersuchung wird dieses Akronym wiederholt auftauchen, wie zum Beispiel in der Beschreibung einer Person als LGBTIQ*mensch. Das Sternchen, auch Gendersternchen, markiert die Vielfalt eines jeden Individuums. Jeder Begriff, welcher einen Ausschluss vielfältiger Individuen impliziert, wird mit dem Sternchen markiert. Die Verwendung von Begriffen wie Mann* und Frau* sind in den Zusammenhängen der Arbeit unumgänglich. Das Sternchen erinnert daran, dass sich der Verwender, der Binarität, welche hinter den Begriffen steht, bewusst ist. Es ermöglicht, jedes Individuum dort zu beachten wo Begriffe es nicht ermöglichen. Vgl. Transgender. 05.06.2018. https://uni-due.de/genderportal/studis_transgender.shtml (12.08.2018)

einer Umbruchsphase befindet, welcher es vor allem bei dieser Thematik an Sensibilisierung bedarf.

2.) Einleitung

Geschlecht macht den Menschen essentiell. Der Auffassung ist ein Großteil der Menschen, welche Trans*gender und Inter*sexuelle diskriminieren und nicht als vollwertiges Gesellschaftsmitglied akzeptieren. 2011 wurde beschlossen, dass § 8 Abs. 1 Nr. 4 TSG gegen das Grundgesetz verstößt, indem er eine Vornamensänderung und die Anerkennung eines anderen Geschlechts nur zulässt, insofern man operative Maßnahmen unternommen hat, sich dem Wunschgeschlecht anzugleichen. Dadurch würde gegen die körperliche Unversehrtheit und das Recht der sexuellen Selbstbestimmung verstoßen, weswegen das Gesetz nicht anwendbar ist. Seit 2013 ist es laut § 22 Abs. 3 PStG möglich, den Geschlechtseintrag eines Kindes auszulassen, wenn es keinem der festgesetzten Geschlechter zugeordnet werden kann.

Gesetzlich verbesserte Konditionen für Trans*- und Inter*menschen gewähren diesen keinen besseren Lebensstandard. So findet man auf der Internetseite Queer.de zahlreiche Berichterstattungen darüber, dass LGBTIQ*personen diskriminiert werden, wie zum Beispiel durch Kardinal Müller, welcher LGBTIQ*aktivisten mit Nazis vergleicht.[2] Andere Vergleiche, wie der von LGBTIQ*menschen und kranken Menschen, welche keine vollständige Körperfunktionsfähigkeit besitzen, sind ebenfalls vorgekommen.[3]

> Heteronormativität ist nicht nur in den Individuen (mental und physisch) verankert, sondern auch in gesellschaftlichen Strukturen. Beispiele dafür sind […] Schulbücher (‚Mutti spült, Papa arbeitet') [und] Wissenschaft.[4]

In einer Gesellschaft, in der Heterosexualität als Grundvoraussetzung gilt, obliegt es dieser, sich weiterzuentwickeln und sich dem Inhalt von LGBTIQ* zu öffnen. Dabei ist es irrelevant, ob man persönlich von der Thematik betroffen ist, denn vom Menschsein und der Menschwerdung ist jedes Subjekt betroffen. Die Haltung muss sich einer Formung unterziehen, welche jedes Individuum dazu befähigt, alle Mitmenschen als gleichwertig zu erkennen. Es muss erkannt werden, dass Persönlichkeits- und Körperentfaltung nicht statisch sind, sondern freisinnig. Eine weltoffene Erziehung kann von Geburt an stattfinden. Dabei hat das Schulumfeld enormen Einfluss auf die Entwicklung eines Kindes. LGBTIQ* sollte fächerübergreifend, grundlegend im schulischen Kontext vorkommen. Vor allem für den Biologieunterricht in der Sekundarstufe, welcher Gefahr läuft, Sexualkunde zu unterrichten, ohne den Lernenden eine ausgiebige Sexualerziehung zu Teil kommen zu lassen, ist das wichtig.

---

[2] Vgl. "Homophobie existiert nicht". Kardinal Müller vergleich LGBTI-Aktivisten mit Nazis und Kommunisten (2018). https://www.queer.de/detail.php?article_id=31220 (Stand: 18.08.2018).

[3] Vgl. Schmutziger Wahlkampf. Katholischer Bischof: Homosexualität ist wie Down-Syndrom (2015). https://www.queer.de/detail.php?article_id=23382 (Stand: 16.08.2018).

[4] Degele, Nina / Dries, Christian / Schirmer, Dominique (Hrsg.): Gender / Queer Studies. Eine Einführung. Paderborn 2008. S. 89.

Diese Arbeit setzt an der Wurzel an und untersucht die zentrale Frage, wie und ob sich eine vielfältigkeitsorientierte Einstellung in grundlegenden Unterrichtskonzepten verankert hat, oder ob sich heteronormative Strukturen, wie in obigem Zitat, noch durch diese hindurchziehen. Der Terminus *Unterrichtskonzepte* wurde bewusst gewählt, da es sich um eine „theoriegeleitete Grundeinstellung [...] bezüglich Zweck, Anlage und Durchführung“[5] des Unterrichts handelt.

Dabei liegt der Fokus auf der Miteinbeziehung von Trans*gender und Inter*sexualität, da diese in der Forschungsliteratur zur allgemeinen Sexualerziehung in geringer Ausführung zu vermerken sind.[6] Besonders „in Verbindung mit dem theoretischen Analyserahmen der Queer Theory“[7] mangelt es an aktuellen Arbeiten, wodurch sich deren Grundprinzipien als Hauptkriterium der Analyse eignen. In gängigen wissenschaftlichen Arbeiten findet keine Untersuchung der Richtlinien der Sexualerziehung und des Kernlehrplans statt, welche grundlegend für die gesamte Sexualerziehung im schulischen Kontext sind. Um etwas in seiner Gesamtheit zu verändern, müssen auch die Prämissen dafür angepasst werden und nicht nur das praktische Handeln, welches aus der Prämisse resultiert. Demnach leistet die Arbeit einen kleinen Beitrag zu etwas Grundlegendem, in der Forschung bisher nicht zur Kenntnis genommenem. Die Arbeit behandelt in ihrer Untersuchung allgemeine Grundlagen und gestattet keinen Einblick in die Realität der Klassenräume. Zusätzlich bietet sie keinen Einblick in das gesamte Konzept schulischer Sexualerziehung, da sich die Analyse auf Unterrichtskonzepte der Sekundarstufe I bezieht.

LGBTIQ* entstammt den Gender Studies und der Queer Theory, welche anfänglich skizziert werden. Darauffolgend werden Inter*sexualität und Trans*gender definiert, sowie der Terminus *Sexualerziehung*, welcher für die Analyse bewusst ausgewählt wurde. Ein kleiner Einblick in vergangene Arbeiten über Sexualerziehung deckt Differenzen und Oppositionen auf, wodurch die Meinungsdifferenzen, welche weiterhin herrschen, verdeutlicht werden. Daraus entsteht die Frage, ob meinungsbildender Schulunterricht den Entwicklungen und Umbrüchen konform ist. Folgend darauf, werden wissenschaftliche Forschung, die Richtlinien der Sexualerziehung für NRW und der Kernlehrplan für NRW unter dem Kriterium, ob eine queere Grundeinstellung darin verankert ist, untersucht. Darauf basierend, folgt die Analyse von Schulbüchern, welche die Unterrichtsentstehung immens beeinflussen. Es stellt sich die Frage, ob Theorie und Praxis bereits ineinandergreifen oder noch voneinander entfernt existieren und inwiefern Kindern eine dekonstruktive Sexualerziehung geboten werden

[5] Unterrichtskonzepte. http://hoeflich.homepage4kmu.at/documents/de/Unterrichtskonzepte1.pdf (Stand 15.08.2018). S. 5.

[6] Es existiert eine Vielfalt von Literatur, welche sich speziell mit der Behandlung von LGBTIQ* im schulischen Kontext beschäftigt und auf welche sich in der Arbeit noch bezogen wird. Gemeint ist hier die allgemeine Mitbehandlung von LGBTIQ* im Kontext einer Arbeit über Sexualerziehung ohne, dass LGBTIQ* dabei ein Sonderposten zukommt.

[7] Huch, Sarah: Geschlechtliche und sexuelle Vielfalt in der Didaktik der Biologie. Ausgangspunkte und Perspektiven für die Initiierung von Bildungsprozessen. In: Sexuelle Vielfalt im Handlungsfeld Schule. Konzepte aus Erziehungswissenschaft und Fachdidaktik. Hg. Von Martin Lücke. Bielefeld 2015. S. 181-205. S. 185.

kann. In Bezug auf Trans*- und Inter*menschen wird untersucht, ob diese im Material eine periphere oder zentrale Behandlung erfahren und ob diese Behandlung diskriminierend stattfindet oder vielfältigkeitsorientiert.

3.) Theoretischer Hintergrund

Um das Verständnis für das pädagogische Anliegen, die Behandlung von Trans*gender und Inter*sexualität im schulischen Kontext, zu fördern, ist es wichtig, die theoretischen Hintergründe derer zu kennen und zu verstehen. Diese dienen der Verknüpfung soziokultureller Strukturen und dem Erziehungsauftrag der Schule, mit der Biologiedidaktik. Zu betonen ist, dass es sich bei den drei folgenden Unterkapiteln selbstredend um keine klar voneinander abzugrenzenden Kategorien handelt. Sie sind vernetzt, bringen sich gegenseitig hervor und sind einander bestimmend. Diesbezüglich werden nur die grundlegenden Aspekte der Theorien erwähnt, wobei die diachrone Entwicklung dieser bewusst ausgelassen wird. Es handelt sich im Zuge dessen um den Ist-Zustand einer aktuellen Gesellschaft, welche durch diese Theorien beeinflusst und gewandelt werden kann.

3.1.) Soziales Konstrukt der Heteronormativität

„Der Begriff der ‚Heteronormativität' ist aus gegenwärtigen gender- und queerpolitischen Diskursen und Praxen nicht mehr wegzudenken."[8] Heteronormativität beschreibt die Grundzüge eines schematischen, menschlichen Denkens. Die theoretischen Ansätze der beiden folgenden Kapitel basieren auf diesem Konzept. Auch in der Zusammenbringung mit didaktischen Ansätzen spielt der damit verbundene Terminus der *Normalität* eine prägnante Rolle.

Der Terminus *-hetero* impliziert eine binäre Geschlechterkultur. Gemeint sind Geschlechter, welche sich voneinander abgrenzen. Den Begriff fest auf eine Definition zu begrenzen wäre paradox, da es sich hier um ein wandelbares Konzept, welches abhängig von gesellschaftlichen Diskursen und Ereignissen ist, handelt. Das Konzept selbst „soll als dynamisch betrachtet werden."[9] Eine passende Beschreibung liefern und Klesse und weitere:

> Der Begriff der Heteronormativität beschreibt Heterosexualität als ein zentrales Machtverhältnis, das alle wesentlichen gesellschaftlichen und kulturellen Bereiche, ja die Subjekte selbst durchzieht. In der gängigen Rezeption referiert der Begriff auf die wechselseitige Verwiesenheit von Geschlecht und Sexualität und hebt die Erkenntnis hervor, dass vorherrschende Geschlechterdiskurse in mehrfacher Weise heterosexualisiert sind: Sie basieren zum einen auf der Annahme von zwei klar voneinander abgrenzbaren, sich ausschließenden Geschlechtern und zum anderen auf der Setzung von heterosexuellem Begehren als natürlich und normal.[10]

---

[8] Klapeer, Christine M.: Vielfalt ist nicht genug!. Heteronormativität als herrschafts- und machtkritisches Konzept zur Intervention in gesellschaftliche Ungleichheiten. In: Selbstbestimmung und Anerkennung sexueller und geschlechtlicher Vielfalt. Lebenswirklichkeiten, Forschungsergebnisse und Bildungsbausteine. Hrsg. von Frederike Schmidt / Anne-Christin Schondelmayer und Ute B. Schröder. Wiesbaden 2015. S.25-44. S. 25.

[9] Klapeer: Vielfalt ist nicht genug!. S. 26.

[10] Hartmann, Jutta / Klesse, Christian / Wagenknecht, Peter (Hrsg.) [u.a.]: Heteronormativität. Empirische Studien zu Geschlecht, Sexualität und Macht. Wiesbaden 2007. S. 9.

Eine weitere zutreffende Erklärung liefert Degele:

> Heteronormativität beschreibt in erster Annäherung ein binäres Geschlechtersystem, das lediglich genau zwei Geschlechter akzeptiert, und das Geschlecht mit Geschlechtsidentität, Geschlechtsrolle und sexueller Orientierung gleichsetzt: Die Basiseinheiten sind Männer und Frauen, die sich in ihrer Sexualität aufeinander beziehen. [...] Heteronormativität bezeichnet aber nicht nur Naturalisierungen von Zweigeschlechtlichkeit und Heterosexualität, sondern bezieht sich darüber hinaus auf gesellschaftliche Strukturen und Organisationsweisen.[11]

Heteronormativität bezieht sich nicht einzig auf das Geschlecht, die Geschlechtsidentität oder die sexuelle Orientierung. Vielmehr implizieren heteronormative Diskurse die kausalen Zusammenhänge für das aktive Hervorbringen einer binär orientierten Gesellschaft. Ziel einer heteronormativen Kritik ist es, diese Zustände aufzulösen und das nicht, indem Akzeptanz für Individuen geschaffen wird, welche sich nicht den binär verankerten gesellschaftlichen Konventionen zugehörig fühlen. Vielmehr

> werden jene Praktiken, Systeme, Institutionen und Diskurse in den Blick genommen, welche (sexuelle und geschlechtliche) ‚Devianz' erst *produzieren* (oder historisch produziert haben), welche Heterosexualität und zweigeschlechtliche Normen einsetzten und derart bestimmte Existenzen und Lebensweisen privilegieren und fördern, während Diskriminierung und Gewalt gegen LGBTIQs legitimiert oder nur bedingt sanktioniert wird.[12]

Judith Butler benennt dieses Prinzip mit dem Begriff der *heterosexuellen Matrix*, welche großen Einfluss auf ihre Theoriebildung hat, wie sich weiter unten zeigen wird. Allgemein gilt es im Sinne dieser Arbeit zu verstehen, dass die Selbstverständlichkeit der Heterosexualität Einfluss auf unsere Gesellschaft hat. Der heterosexuelle Grundgedanke spiegelt sich überall wieder. Sei es in Schulbüchern (Europäisches heterosexuelles Pärchen bei der Hochzeit), Personalfragebögen (Auswahl des Geschlechts), der Werbung (Frauen als Werbegesicht für Waschmittel) oder im Unterbewusstsein jedes Individuums, welches versucht sein Gegenüber einem Geschlecht zuzuordnen und grundlegend davon ausgeht, dass es heterosexuell ist. Dabei ist zu betonen, dass diese binären Klassifizierungen so grundlegend sind, dass sie vor allem passiv, im alltäglichen Leben, geschehen.

Der Heteronormativitätsbegriff kombiniert Heterosexualität mit Norm. Bei einer Norm handelt es sich um eine Festlegung, welche nur durch ihr Gegenteil, die Abweichung existieren kann. Diese Unterscheidung „gehört zum Repertoire des ‚gesunden Menschenverstands'".[13] Bei Normen handelt es sich also um Gegebenheiten und Regeln, nach welchen der Mensch handeln kann, um sich in das Gesellschaftssystem einzuordnen.

Zusammenfassend, weist das Konzept der Heteronormativität auf eine Kultur hin, welche Heterosexualität als Norm voraussetzt. Diese Norm wurde und wird immer weiter konstruiert und ist wandelbar. Problematisch ist jedoch, dass besonders „auf dem Feld der Sexualität [...] von den betreffenden Institutionen Kategorien entwickelt w[u]rden, die der

[11] Degele: Gender / Queer Studies. S. 88.

[12] Klapeer: Vielfalt ist nicht genug!. S. 30.

[13] Stehr, Johannes: Normalität und Abweichung. In: Soziologische Basics. Eine Einführung für Pädagogen und Pädagoginnen. Hg. von Alberst Scherr. Wiesbaden 2006. S. 130.

Abweichung einen legitimen Platz zugestehen, ohne sie zur ‚Normalität' werden zu lassen".[14] Dadurch kommt es eventuell zur Akzeptanz der so betitelten Abweichungen. Jedoch können die Nichtbetroffenen trotzdem Abstand von Abweichungen gewinnen, da die Akzeptanz derer nur mit Distanz und Unbetroffenheit funktioniert.

3.2.) Gender Studies

Bei den Gender Studies handelt es sich um einen postmodernen theoretischen Ansatz, welcher im Begriff ist, sich fortwährend zu vergrößern und weiterzuentwickeln. Begründerin dessen ist die amerikanische Kultur- und Literaturwissenschaftlerin Judith Butler. Durch ihre Werke, vor allem durch *Das Unbehagen der Geschlechter,* legte sie den Grundstein der gendertheoretischen Ansätze. Wichtig hierfür sind die Begriffe *Heteronormativität, Dekonstruktion* und *doing gender, Intelligibilität, Geschlechtsidentität (gender)* und *Geschlecht (sex).* Auf die Termini wird im Verlauf des Kapitels explizit eingegangen.

Die Gender Studies resultierten aus Erweiterungen und Infragestellungen des Feminismus, wie Funk adäquat beschreibt:

> Sie erweitern die im Feminismus einseitig auf patriarchalische Strukturen zur Unterdrückung der Frau abzielende Untersuchung von Machtbeziehungen zwischen den Geschlechtern Mann und Frau hin zu einer umfassenderen Analyse und Darlegung von Geschlechterkonfigurationen und -interaktionen. Als grundlegender Unterschied zum Feminismus ist dabei die Ausweitung einer grundsätzlich binär konzipierten Geschlechterordnung hin zu einer polymorphen Proliferation von theoretisch gleichberechtigten Geschlechtskonfigurationen und Identitätskategorien zu sehen.[15]

Gendertheoretische Untersuchungen konzentrieren sich demnach nicht auf diskriminierte Minderheiten, wie es der Feminismus tut, sondern beziehen sich auf alle Individuen, indem sie das aktuelle Lebens- und Wahrnehmungskonzept der binär orientierten und beeinflussten Gesellschaft infrage stellt. Eine binär orientierte Gesellschaft impliziert eine durch Heteronormativität geprägte Gesellschaft. Es handelt sich um ein soziales Konstrukt, welches durch die Gender Studies hinterfragt wird. Hier geht es vor allem um das *Wie* und nicht die Frage nach dem *Warum.* Die Gender Studies erklären, dass Menschen sich nicht in einen naturgegebenen Rahmen einfügen, sondern diesen selbst schaffen. „Die scheinbar vorgegeben Identitätskategorien sind keinesfalls vorgegeben, sondern entstehen vielmehr als Effekte ihrer eigenen Einhaltung. Gender ist daher ein performativ hergestelltes Konstrukt."[16]

Ebenso interpretiert Judith Butler das Paradigma des Individuums zwischen Geschlechtern und Identitäten.[17] Dabei stellt sie den allgemeinen Identitätsbegriff infrage, indem sie Identität als „deskriptives Merkmal der Erfahrung"[18] anzweifelt und diese zu einem „nor-

---

[14] Ebd. S.133.
[15] Funk, Wolfgang: Gender Studies. Paderborn 2018. S. 85.
[16] Ebd. S. 91
[17] Hierbei gibt sie in ihrem Buch *Das Unbehagen der Geschlechter* eine klar strukturierte Übersicht über vorherrschende Theorien bezüglich des Gendertroubles. Dabei diskutiert sie diese wissenschaftlich fundiert und fügt sie in einen inhaltlichen Rahmen ein. Daraus resultieren neue Erkenntnisse, auf welche ich mich im Rahmen der Arbeit beschränken werde.
[18] Butler, Judith: Das Unbehagen der Geschlechter. 19. Auflage. Frankfurt am Main 1991 (= 722). S. 38.

mative[n] Ideal“[19] deklariert. Normativ impliziert, dass das Individuum in seinem Sein einer Begrenzung durch sogenannte Regulierungsverfahren ausgesetzt ist. „Diese Grenzen wurden stets nach Maßgabe eines hegemonialen kulturellen Diskurses festgelegt, der auf binäre Strukturen gegründet ist, die als Sprache der universellen, allgemeingültigen Vernunft erscheinen.“[20] Im Gegensatz zu vorherigen theoretisch Arbeitenden untersucht Butler die Problematik nicht aus einem minderheitsorientiertem Aspekt. Vielmehr sieht sie alle Individuen davon betroffen, wobei sie die Untersuchung auf die Binarität der Geschlechter fundiert. Laut Butler gilt:

> ‚Intelligible‘ Geschlechtsidentitäten sind solche, die in bestimmtem Sinne Beziehungen der Kohärenz und Kontinuität zwischen dem anatomischen Geschlecht (*sex*), der Geschlechtsidentität (*gender*), der sexuellen Praxis und dem Begehren stiften und aufrechterhalten[21]

Dementsprechend erkennt sie, dass *gender* und *sex* kohärent zu *Intelligibilität* und *Identität* sind. Demnach wird einem Individuum seine Identität nicht durch eine andere, abgrenzbare Gruppe auferlegt, sondern durch die Regulierungsverfahren, zu welchen eben genannte Termini gehören. Butler erklärt, dass „‚Identität‘ durch die stabilisierenden Konzepte ‚Geschlecht‘ (*sex*), ‚Geschlechtsidentität‘ (*gender*) und ‚Sexualität‘ abgesichert wird“.[22]

Gender Studies beschäftigen sich also mit den proximaten Ursachen indem sie fragen, warum Geschlecht und Geschlechtsidentität gesellschaftlich konstruiert kohärent sind und warum die beiden Kategorien paradoxerweise homogen heterosexuell orientiert sind. Die Frage nach der Kohärenz beantwortet sie dadurch, dass „die heterosexuelle Fixierung des Begehrens [...] die Produktion von diskreten, asymmetrischen Gegensätzen zwischen ‚weiblich‘ und ‚männlich‘ [erfordert und instituiert], die als expressive Attribute des biologischen ‚Männchen‘ (male) und ‚Weibchen‘ (female) verstanden werden.“[23] Daraus resultiert die Frage, wie sich das Individuum in diesen begrenzten Rahmen einordnet. Oder wie Butler es formuliert: „In welchem Maße werden die Identität, die innere Kohärenz des Subjekts und sogar der selbstidentische Status der Person durch *Regulierungsverfahren* der Geschlechter-Ausbildung und Teilung konstituiert?“[24]

Aus einer heteronormativ orientierten Gesellschaft leitet sich das Problem des nichtkongruenten Individuums ab:

> Gerade weil umgekehrt bestimmte ‚geschlechtlich bestimmte Identitäten‘ (*gender identities*) nicht den Normen kultureller Intelligibilität entsprechen, erscheinen sie innerhalb des Gebiets der kulturellen Intelligibilität nur als Entwicklungsstörungen oder logische Unmöglichkeiten.[25]

Butler erkennt, dass die Gesellschaft dem Zwang obliegt, sich in das normative System der Geschlechteridentitäten und des Geschlechts anzupassen, um dem Muster nicht zu entfal-

---

[19] Ebd.
[20] Ebd. S. 27,
[21] Ebd. S. 38.
[22] Ebd.
[23] Ebd.
[24] Ebd. S 37 f.
[25] Ebd. S. 39.

len. Dabei gilt der Mensch als Individuum nicht als Opfer, sondern vielmehr als, wenn auch unbewusster, Täter. Der Begriff des *doing gender* dient als Schlüsselbegriff.

> Gender, verstanden sowohl als sozialer Konstruktions- und Identifikationsprozess im Sinne eines *doing gender* als auch als die aus diesen Prozessen resultierende Geschlechtsidentität, stellt eine sich selbst erfüllende Prophezeiung (*self-fulfilling prophecy*) dar.[26]

Zusammenfassend fechten die Gender Studies gesellschaftsorientiert das heteronormative Identitätsfindungskonzept an und schildern jenes als aktiven, stets ausgeübten Akt der Individuen. Im Zuge dessen entkoppelt Butler die Termini *Geschlecht* (*sex*) und *Geschlechtsidentität* (*gender*) und definiert den Terminus *gender* als:

> Geschlechtsidentität [welche] die wiederholte Stilisierung des Körpers [ist], ein Ensemble von Akten, die innerhalb eines äußerst rigiden regulierenden Rahmens wiederholt werden, dann mit der Zeit erstarren und so den Schein der Substanz bzw. eines natürlichen Schicksals des Seienden hervorbringen.[27]

3.3.) Queer Theory

> Das Wort ‚queer' bedeutet im Englischen soviel wie seltsam, sonderbar, verdächtig, verrückt; etwas verderben oder jemanden irreführen. Zugleich dient es als eines der stärksten Schimpfworte für lgbtiq Personen und ließe sich in diesem Sinne vielleicht mit ‚pervers' übersetzen. In den USA wurde der Begriff zu verschiedenen Zeiten und von unterschiedlichsten Gruppen als positive Selbstbezeichnung angeeignet. Von Akademiker_innen der 90er Jahre wurde *queer* unter den Einflüssen von feministischen Theorien, Gay und Lesbian Studies sowie poststrukturalistischen Theorien als eine kritische Perspektive zur Analyse von Machtverhältnissen entwickelt.[28]

Degele beschreibt die Queer Theory grundlegend „als eine dreifach kritische Denkströmung"[29], welche sie in Begriffs-, Kategorien-, Identitäts- und Heteronormativitätskritik aufteilt. Dabei ist ein Hauptcharakteristikum des queeren Denkens, dass im „Zentrum [...] nicht mehr eine disziplinäre Beschäftigung mit Minderheiten" steht.[30]

Dabei nimmt die Queer Theory „einen eher vermittelten Bezug auf Identifikationsmuster."[31] Das Prinzip der Identität, welche sich für queere Theoretiker* und Theoretikerinnen* als sozial konstruiertes Gefüge versteht, in welches sich das Individuum durch unterbewusste Performativität einordnet, wird durch die Queer Theory nichtig. Zweifelhaft daran ist der Fakt, „daß wir nicht als freie Subjekte existieren, sondern im Gegenteil. Erst die Ideologie uns als Subjekte hervorbringe."[32] In diesem Sinne dient „queer als Begriff, der Aufmerksamkeit auf Identität ziehen kann, ohne sie zu verfestigen."[33] Dies kann man insofern verstehen, dass queer als freier Begriff, auch nur freie, nicht einzurahmende Individuen hervorbringen kann. Dabei könnte der Zweifel aufkommen, ob sich Individuen, welche sich der stereotypischen Beschreibung für einen Mann*, eine Frau* und Weiteres zugehörig fühlen, durch das

---

[26] Funk: Gender Studies. S. 9.

[27] Butler: Das Unbehagen der Geschlechter. S. 60.

[28] Recla, Ammo / Schmitz-Weicht, Cai: Konstruktiv Dekonstruktiv. Ansätze einer queeren Bildungsarbeit. In: Sexuelle Vielfalt im Handlungsfeld Schule. Konzepte aus Erziehungswissenschaft und Fachdidaktik. Hg. Von Martin Lücke. Bielefeld 2015. S. 275-289. S. 276.

[29] Degele: Gender / Queer Studies. S. 43.

[30] Ebd. S. 52.

[31] Genschel, Corinna / Lay, Caren / Wagenknecht, Nancy (Hrsg.) [u.a.]: Queer Theory. Eine Einführung. 2. Auflage. Berlin 2005. S. 101.

[32] Ebd. S. 102.

[33] Ebd. S. 123.

Konzept von queer ausgeschlossen oder dekonstruiert fühlen. Jedoch bietet queer im Zuge seiner Undefinierbarkeit und durch sein Wesen der Entnaturalisierung eine Möglichkeit, sich den inneren Bedürfnissen entsprechend einzuordnen und zu repräsentieren.

Entnaturalisierung bedeutet ein Wenden der Queer Studies „gegen ein essenzialisierendes, das heißt Eigenschaften und Identitäten festschreibendes und damit Ausschlüsse produzierendes Denken“[34], indem Identität, welche Eigenschaften und Charakter impliziert, nicht als natürlich gegeben, sondern als von der Gesellschaft erbaut, erachtet wird. So wird dem Menschen die Freiheit gegeben, diese Erkenntnis zu erlangen und außerhalb dieser Gesellschaftsnormen als selbstbestimmtes Individuum zu existieren.

Diese Entnaturalisierung bezog sich in erster Linie auf die Sexualisierung des Körpers, indem sie Kritik an dem Fabrikat der Heteronormativität ausübt. „Damit zeigt queer sein Verständnis von Sexualität als einen diskursiven Effekt.“[35] Diskursiv meint, dass Sexualität, entgegen der Annahme einer heterosexuell orientierten Gesellschaft, unbeständig ist. Ein Diskurs ist durch fortwährende Reflektion und Meinungsäußerungen ein fluides System. Demnach ist das queere Bestreben, „die etablierte gesellschaftliche Ordnung als zweigeschlechtlich und heterosexuell organisierte Zwangsveranstaltung auf den Kopf [zu] stellen.“[36] Dieser Ansatz könnte als Erzeuger von erneuten Differenzen gesehen werden, da sich Heterosexuell-cisgeschlechtliche, also Individuen, welche sich seit ihrer Geburt an dem ihnen zugeschriebenen Geschlecht zugehörig fühlen und heterosexuell sind, ausgegrenzt fühlen könnten. Aber „*Queer* richtet den Blick darüber hinaus auf die heterosexuell-cisgeschlechtliche Mehrheit und die Prozesse ihrer Herstellung“[37].

Zusammenfassend bezeichnet Queer eine kritisierende Position und wird „als Infragestellung üblicher Vorstellungen von sexueller Identität verstanden, weil hier die Kategorien, Gegensätze und Gleichsetzungen dekonstruiert werden, die Identität enthalten.“[38] Dabei geht es „darum, die Genese und Wirkungsmacht von Normalität und Normalisierungsprozessen durch Institutionen und Regelungen zu rekonstruieren.“[39]

Wichtig ist zu verstehen, dass es im Sinne der Erweiterung der Gender Studies nicht nur um die Erkenntnis der Differenzen geht, sondern auch um „Anerkennung von Differenzen und (politischer) Gleichheit, um die Auflösung eindeutiger Identitäten und die Dekonstruktion von Kategorisierungen.“[40] Dabei ist es von Belangen, der Menschheit bereits anfänglich die Existenz von Diversität zu vermitteln, ohne dabei in Kategorien wie Normalität und Abweichung zu verfallen. Das Ziel ist nicht, dass Abweichung anerkannt wird und Individuen sich selbst als normal und andere als anders kategorisieren können. Ziel ist es, der Kategorisie-

[34] Degele: Gender / Queer Studies. S.43.
[35] Genschel: Queer Theory. S. 126.
[36] Degele: Gender / Queer Studies. S. 41.
[37] Recla: Konstruktiv Dekonstruktiv. S. 280.
[38] Genschel: Queer Theory. S. 124.
[39] Degele: Gender / Queer Studies. S. 52.
[40] Ebd. S. 53.

rung von Norm und Abweichung keinen Raum mehr in der Gesellschaft zu bieten. Dabei handelt es sich mittlerweile um weitaus mehr als Sexualität und Begehren, „[i]nzwischen geht es dabei auch um die Übertragbarkeit von queer“.[41]

3.4.) Definition von Inter*sexualität und Trans*gender

Inter*sexualität wird grundlegend „definiert als das Vorkommen beider Geschlechter bei einem Individuum.“[42] Gemeint ist, dass typisierte Geschlechtsmerkmale, welche in der Medizin polarisiert und voneinander abgrenzbar sind, in einem Individuum auftauchen. Der Terminus impliziert kein drittes Geschlecht, welches sich, wie bei der binären Geschlechtsdefinition, auf typisierende Merkmale reduzieren lässt. Vielmehr handelt es sich um einen flexiblen Terminus, welcher vielfältige Individuen bezeichnet. „So fühlen sich einige als vollwertige Männer oder Frauen mit einer kleinen oder großen Besonderheit, andere wiederum sehen sich als etwas außerhalb der engen zweigeschlechtlichen Ordnung.“[43]

Der Begriff ist oft irreführend, da „das ‚inter‘ auf die gedachte Binarität des geschlechtlichen Seins [verweist] und suggeriert damit abermals, dass sich etwas ‚zwischen‘ zwei Polen befindet.“[44] Das zweite Wortglied ließe die fälschliche Annahme zu, es handle sich bei Inter*sexualität um die sexuelle Orientierung. Deswegen koexistiert er mit dem Terminus der *Intergeschlechtlichkeit*, welcher jedoch als „negative und pathologisierende Betrachtung der körperlichen Varianz“ [45] dient. Aufgrund dessen „nutzen intergeschlechtliche Menschen den Begriff ‚intersexuelle Menschen‘[46] als Selbstbezeichnung.“[47]

Aus medizinischer Sicht wird Intersexualität jenseits der Vielfalt betrachtet und als eine DSD (Disorder of Sexual Development) benannte Krankheit eingestuft.[48] *Disorder* bedeutet übersetzt *Störung*. Diese Pathologisierung des Körpers „ist die Unstimmigkeit von inneren und äußeren Geschlechtsmerkmalen. Das soziale Geschlecht wird zum Problem, weil es ‚eigentlich‘ falsch zugewiesen wurde.“[49] Dieser Vorgang ist von dem Zuweisungsgeschlecht abhängig. Nicht übereinstimmende Körpermerkmale werden als Störfaktor eingestuft.[50] Da-

[41] Ebd. S. 52.
[42] Zehnder, Kathrin: Zwitter beim Namen nennen. Intersexualität zwischen Pathologie, Selbstbestimmung und leiblicher Erfahrung. Bielefeld 2010. S. 111.
[43] Remus, Juana: Inter*Realitäten. Variabilität und Uneindeutigkeit des Geschlechts als Herausforderung für Recht und Gesellschaft. In: Selbstbestimmung und Anerkennung sexueller und geschlechtlicher Vielfalt. Lebenswirklichkeiten, Forschungsergebnisse und Bildungsbausteine. Hg. von Frederike Schmidt. Wiesbaden 2015. S. 63-74. S. 65.
[44] Ebd. S. 64.
[45] Ebd. S. 65.
[46] Für diese Arbeit habe ich daher gezielt den Terminus *Intersexualität* ausgewählt. Durch die Queer Theory als Grundstein, basiert die Arbeit auf einem diversitätsfreundlichen und -erzeugendem Konzept. Demnach erachte ich es nur für richtig, sich nicht vor dem Terminus zu scheuen, obwohl er irreführend sein kann. Jedoch würde eine Umgehung des Begriffes dem Konzept von Abweichung und Norm eine Macht zuschreiben, was im Sinne dieser Arbeit paradox wäre.
[47] Ebd.
[48] Vgl. Ebd. S. 64.
[49] Zehnder: Zwitter beim Namen nennen. S. 111.
[50] Vgl. Ebd. S. 110.

bei ist die Einstufung des Störfaktors durch die oben beschriebene, mögliche Kombination von Geschlechtsmerkmalen prädestiniert.[51]

Bei Menschen, welche der Gruppe Trans*gender[52] zugehörig sind, handelt es sich um jene, „deren körperliche Variation rein biologisch einem der gesellschaftlich anerkannten Geschlechter zuordenbar ist."[53] Dieses chromosomale, äußere Geschlecht ist jedoch nicht kongruent zu ihrem inneren Geschlecht. Sie fühlen sich dementsprechend nicht als Mann* oder Frau*, obwohl die körperlichen Merkmale, in ihrer Kombination, aus medizinischer Sicht, das Wesen eines Mannes* oder einer Frau* beschreiben. „Transgender wird häufig als Oberbegriff für alle Personen verstanden, für die das gelebte Geschlecht keine zwingende Folge des bei der Geburt zugewiesenen Geschlechts ist."[54] Sie können sich in der Geschlechterordnung von Mann* und Frau* nicht einordnen und sehen sich selbst außerhalb dieser Matrix.

Von Trans*gender differenziert sich eine Gruppe, welche sich der Trans*sexualität zuordnen. Dabei handelt es sich um Menschen, welche sich in jener Zwei-Geschlechter-Ordnung identifizieren und wahrnehmen, dabei entspricht ihre Identität, wie bei Trans*gendern, nicht dem ihnen zugeordneten Geschlecht.[55] Anders als diese, haben sie jedoch das Gefühl, das sozial konstruierte Gegengeschlecht zu sein und demnach öfter den Wunsch, ihren Körper dementsprechend zu verändern. Durch eine geschlechtsangleichende Operation „machen sie [...] *keine Veränderung* von Mann zu Frau oder von Frau zu Mann durch, sondern sind von jeher im Inneren Frau bzw. Mann gewesen und möchten ‚nur noch' den Körper an diese Identität anpassen lassen".[56]

Neuste Auswertungen haben ergeben, dass eine von tausend eine Trans*frau, geboren als biologischer Mann* und dem Empfinden nach dem weiblichen* Geschlecht zugehörig, ist und einer von zweitausend Menschen ist ein Trans*mann, geboren als biologische

---

[51] Es wurde ein Verfahren entwickelt, welches sich *Optimal Gender Policy* nennt. Dabei handelt es sich um Angleichungsoperationen, welche meist im frühen Säuglings- oder Kindesalter vollzogen werden. Dabei soll eine Kohärenz des überwiegend vorhandenen biologischen und des inneren Geschlechts hergestellt werden. Im Zuge dessen kommt es häufig zu einer Gonadenentfernung, um eine ‚Fehlentwicklung', vor allem in der Pubertät, zu vermeiden. Durch Medikamente und Hormonpräparate wird die Entwicklung folglich gezielt gesteuert. Vgl. Remus: Inter*Realitäten. S. 66f.

[52] Udo Rauchfleisch spricht in seinem Werk *Transsexualität - Transidentität* von einer Transidentität, welche das Empfinden der Betroffenen miteinschließt. Er erwähnt, dass sich Transidente selbst oft als Trans*menschen bezeichnen. Ich wende mich hiermit jedoch von dem Terminus *Transidentität* ab, da dieser paradox zur Queer-Theory ein benennbares, greifbares Wesen impliziert. Demnach erscheint der aus dem anglo-amerikanischen Raum entlehnte Terminus *Trans*gender* sinnvoller. Zwar wird dieser üblicherweise als *Geschlechtsidentität* ins Deutsche übersetzt, jedoch ist damit das innere Empfinden über das innere Geschlecht gemeint und eine Einrahmung und Reduzierung in Form des Identitätsausdrucks wird vermieden. Somit ist es nicht misszuverstehen, wenn in der Arbeit weiterhin mit dem Begriff *Identität* gearbeitet wird. Dabei handelt es sich jedoch um die Identität des Subjekts, welche diese selbst schafft und nicht um gesellschaftlich konstituierte Identitäten.

[53] Ebd. S. 65

[54] Berger, Fred, Schubarth, Wilfired (Hrsg.): Sexuelle Bildung in der Schule. Themenorientierte Einführung und Methoden. Stuttgart 2017 (= Brennpunkt Schule). S. 142.

[55] Ebd. S. 143.

[56] Rauchfleisch, Udo: Transsexualität – Transidentität. Begutachtung, Begleitung, Therapie. 4. Auflage. Göttingen. 2014. S. 14.

Frau* und dem Empfinden nach dem männlichen* Geschlecht zugehörig.[57] Dabei kommt es bei 43-50 % zu geschlechtsangleichenden Operationen und 77-80 % erhalten eine Hormonbehandlung.[58] Trotz der vielseitigen Weiterentwicklung im Sinne der Betroffenen auf psychischer, ebenso wie auf medizinischer Ebene, wird dem Trans*sein als Wirkungsursache eine ‚Krankheit' vorgeworfen. Krankheiten implizieren Symptome, durch welche sich auf einen, dem normalen Körperzustand nicht entsprechenden Zustand schließen lässt. So bedingt auch die Kategorisierung des Trans*seins als Krankheit einer Reihe von Symptomen, welcher die gefährliche Annahme inne liegt, „Trans*menschen stellten einen einheitlichen Persönlichkeitstyp dar und zeigten in ihrer Entwicklung einen einzigen, ‚typischen' Verlauf."[59]

3.5.) Sexualerziehung

Für vorliegende Arbeit wurde, vor allem in Bezug auf Unterrichtsmaterialien des Faches Biologie, bewusst der Terminus *Sexualerziehung* ausgewählt, um dazu aufzurufen, dass es sich bei der Biologie nicht nur um die Vermittlung von Fachwissen handelt.

> *Sexualerziehung ist die theoriegeleitete Praxis*, die sich auf das Thema Sexualität in der Gesamterziehung bezieht. *Sexualerziehung* kann dabei als ein Teil der Sozial- und Gesundheitserziehung verstanden werden, die wiederum ein Aspekt der Gesamterziehung darstellt. *Sexualerziehung* gibt Hilfen zum Verstehen und zum Umgang mit sexuellen Gefühlen, sie erweitert die Kenntnisse über sexuelle Vorgänge und über die Regeln des gesellschaftlichen Verhaltens.[60]

Der Begriff steht für alle Aspekte ein, die Biologieunterricht im Optimalfall erfüllen sollte und ist zeitgemäßer als Begriffe wie *Sexualkunde*. Sexualerziehung beinhaltet die Gefühle eines jeden Individuums und erzieht diese zu eigenverantwortlichen, rücksichtsnehmenden Gesellschaftsteilnehmern * und -teilnehmerinnen*.

4.) Forschungsstand und Hinführung zur Pädagogik

Grundvoraussetzung ist, dass die Sexualerziehung seit 1977 nicht als rechtswidrig anzusehen ist.[61] Durch Eltern, welche Sexualerziehung für rechtswidrig befunden haben, kam es zu Verhandlungen, welche entschieden, dass Sexualerziehung weder familiär, noch schulisch stattfinden konnte.[62] Daraus entstanden Richtlinien für die Sexualerziehung, in denen die Schule eine ergänzende Rolle zur Elternerziehung spielt.[63] Durch die Einschränkung des Unterrichts durch die Eltern, wurde der Unterricht damals fachwissenschaftlich orientiert gestaltet.[64]

---

[57] Vgl. Ebd. S. 16.
[58] Vgl. Ebd.
[59] Ebd. S. 19.
[60] Jürgens, Eiko (Hg.): Sexualerziehung. Unterrichtsprinzip in allen Fächern. Neuwied, Kriftel 2002. S. 13.
[61] Zur weiteren Auseinandersetzung über die Geschehnisse, welche zur Anerkennung der Sexualerziehung durch das Schulwesen führten, gibt Ingbert von Martial einen ausführlichen Überblick
[62] Vgl. Von Martial, Ingrid: Sexualerziehung in der Schule und Elternrecht. Frankfurt am Main 1990. S. 36.
[63] Vgl. Ebd. S. 23.
[64] Vgl. Ebd. S. 20.

Grundlegend beschäftigen sich die Arbeiten mit der damals aktuellen Sexualerziehung und arbeiten Ziele heraus, welche ein aktueller und zeitgemäßer Unterricht erfüllen sollte. Dabei lassen sich enorme Differenzen zwischen den Werken verzeichnen, welche geradezu mit „einem Paradigmenwechsel“[65] einhergingen, welcher nur partiell wirkte. So erkennt Hopf das Prinzip der Sexualität als „keine[r] immer gleichbleibende[n] Größe“[66] und auch das Problem, dass „Sexualität [...] das gesellschaftliche Produkt von interaktionistischen und kulturellen Prozessen auf einer biologischen Grundlage“[67] ist. Er plädiert für einen Unterricht jenseits von Norm und Abweichung, bei welchem die Kinder und Jugendlichen erlernen, sich nicht auf Normwerte zu beziehen, um andere zu diskriminieren und eine eigene Identität zu repräsentieren.[68] Er erkennt die Fehlentwicklung des Unterrichts und bemerkt, dass es ein langer Weg ist, bis sich eine „ausführliche und vorurteilsfreie“[69] Erziehung in den Schulen entwickeln wird.

Dass dies ein langwieriger Prozess ist, spiegelt sich in der Literatur wieder. Becker fundiert seine Arbeit nicht auf einer vielfältigen Grundeinstellung. Er erwähnt typische Geschlechterrollen, welche für ihn unumgänglich seien und bezieht diese dabei auf die Allgemeinheit. Indem er es „erfreulich“[70] findet, dass circa 95% der Menschen heterosexuell orientiert sind, bekennt er sich zu einer heteronormativen Gesellschaft. Die Freude begründet er mit einem Aussterben der Menschheit, wenn dem nicht so wäre. Seine inkongruente Auffassung von Sexualerziehung präzisiert sich, indem er bei einer Aufzählung der ‚unterschiedlichen‘ sexuellen Orientierungen Trans*gender und Inter*sexuelle gemeinsam mit Pädophilen[71] aufzählt.[72] Die Thematik des Trans*seins und der Inter*sexualität hat Einzug in die Literatur gefunden, erscheint jedoch absurd, durch die Nebeneinanderstellung wie der obigen. Zudem liegt ein Missverständnis der *sexuellen Orientierung* vor, indem sexuelle Vorlieben mit der Geschlechtsidentität gleichgestellt werden. Trans*gender, wie auch Inter*sexuelle, können homosexuell, heterosexuell oder anderweitig orientiert sein.

Timmermanns dagegen, wendet sich von der heteronormativen Gesellschaft, den Geschlechterrollen und der sexuellen Orientierung als Abweichung und Unterscheidungsmerkmal ab und erklärt, „dass deutsche Schulen und Bildungseinrichtungen weit entfernt von einem selbstverständlichen, akzeptierenden Umgang mit Mädchen oder Jungen sind, die

[65] Jürgens: Sexualerziehung. S. 25.
[66] Ebd. S. 12.
[67] Ebd. S. 13.
[68] Vgl. Ebd. S. 95.
[69] Ebd. S. 82.
[70] Becker, Georg E.: Sexualität in der Schule. Sexuelle Freiheit und sexueller Missbrauch – ein schulpädagogisches Problem? Augsburg 2011.S. 15.
[71] Die Tatsache ist bekannt, dass es sich hier um eine sexuelle Vorliebe handelt, von welcher das Individuum nicht in Begriff ist diese zu beeinflussen. Zu unterscheiden ist aber, dass die Folgen dieser sexuellen Vorliebe der Vergriff an Kindern sein kann, was rechtswidrig ist und bei Auslebung dieser sexuellen Vorliebe nicht vertretbar ist.
[72] Vgl. Ebd.

sich in eine Person des gleichen Geschlechts verlieben."[73] Wie bei Becker, geht es bei der Behandlung der sexuellen Vielfalt besonders um das Thema gleichgeschlechtlicher Liebe. Als Ursache der Vermeidung dieses Themas im schulischen Kontext sieht er eine Prägung „von Stereotypen und Vorurteilen, die auf einem Boden von Unwissenheit und Ängsten gedeihen."[74] Er erklärt, dass die Behandlung kritischer Themen, wie gleichgeschlechtlicher Liebe, in „der Meinung der Mehrheitsgesellschaft noch nicht in dem Maße erwünscht"[75] ist. Timmermanns Ansätze verdeutlichen als „Hauptziel [...], eine persönliche Auseinandersetzung Jugendlicher mit den genannten Themen anzuregen, um Normen und Werte kritisch zu betrachten und das Finden einer persönlichen Einstellung zu ermöglichen."[76]

Die Sexualerziehung ist im Begriff sich immer weiter zu einem offenen und auf Vielfältigkeit basierendem Konzept hin zu entwickeln. Dabei ist eine Geschlechterbinarität noch präsent. Aus der vielseitigen Behandlung des Themas Homosexualität wächst das Potenzial für die Auseinandersetzung mit Trans*gender und Inter*sexualität, welche durch wissenschaftliche Arbeiten fundiert wird und Einfluss nehmen kann.

5.) Analyse vorherrschender Unterrichtskonzepte NRW's der Sekundarstufe I

Schulische Gestaltung basiert auf gesetzlichen Auflagen, aus welchen die Richtlinien für die Sexualerziehung, sowie der Kernlehrplan hervorgehen. Konform dazu richtet sich die Forschung sowie die Gestaltung von Unterrichtsmaterialien aus. Demnach sollten sich die Unterrichtskonzepte gegenseitig beeinflussen und hervorbringen, wobei die Behandlung von Trans*gender und Inter*sexualität unter dem Aspekt einer queeren Haltung grundlegend sein sollte, um sich als zeitkonform definieren und repräsentieren zu können.

5.1.) Bildungs- und Erziehungsauftrag der Schule

Der Bildungs- und Erziehungsauftrag der Schule ist auf gesetzlichen Regelungen fundiert und baut nach § 2 Abs. 1 SchulG „auf der Grundlage des Grundgesetzes und der Landesverfassung"[77] auf. Dabei wird durch § 2 Abs. 2 SchulG die „Ehrfurcht vor Gott, Achtung der Würde des Menschen und Bereitschaft zum sozialen Handeln"[78] gesichert. Soziales Handeln impliziert, sein Gegenüber mitsamt seinen Einstellungen und Persönlichkeitsmerkmalen wahrzunehmen. Durch § 2 Abs. 4 SchulG wird für Lernende die „Entfaltung der Person, die

---

[73] Timmermanns, Stefan: Umgang mit Vielfalt in Erziehung und Beratung. Lesben und Schwule an deutschen Schulen. In: Sexuelle Vielfalt lernen. Schulen ohne Homophobie. Hg. Von Barry van Driel. Berlin 2008. S. 58-69. S. 58.
[74] Ebd.
[75] Ebd. S. 60.
[76] Ebd. S. 68.
[77] Jülich, Christian / Fehrmann, Joachim: Schulgesetz Nordrhein-Westfalen. Schulrecht NRW im Überblick mit Erläuterungen für Ausbildung und Praxis. 6. Auflage. Köln 2017. S. 65.
[78] Ebd.

Selbstständigkeit ihrer Entscheidungen und Handlungen und das Verantwortungsbewusstsein für das Gemeinwohl"[79] in Form von ständiger Förderung gesichert. Dabei sollen Schüler und Schülerinnen befähigt werden „verantwortlich am sozialen, gesellschaftlichen, [...], kulturellen [...] Leben teilzunehmen."[80] Des Weiteren wird in dem Abschnitt festgelegt, dass „Schülerinnen und Schüler [...] gemeinsam unterrichtet und erzogen"[81] werden. Als besonderes Lernziel gilt nach § 2 Abs. 6 S. 5 SchulG, „Menschen unterschiedlicher Herkunft vorurteilsfrei zu begegnen, die Werte der unterschiedlichen Kulturen kennenzulernen und zu reflektieren sowie für ein friedliches und diskriminierungsfreies Zusammenleben einzustehen."[82] Die Vorurteilsfreiheit wird vor allem „gegenüber den unterschiedlichen religiösen, weltanschaulichen und politischen Überzeugungen und Wertvorstellungen"[83] durch § 2 Abs. 7 SchulG gesichert.[84]

Die Rechtsgrundlagen, auf welche sich jegliche Schul- und Unterrichtsgestaltung berufen muss, sind in Bezug auf die Geschlechterunterscheidung heteronormativ verankert. Dennoch steht die Sicherung der Individualität und Freiheit bezüglich der eigenen Meinung und Wesensbildung im Vordergrund. Die Paragraphen bewegen sich jenseits von Norm und Abweichung, indem sie nicht die Toleranz von Abweichungen sichern, sondern vorgeben, die Lernenden dazu zu befähigen, andere Meinungen, Konfessionen und Weltanschauungen zu erfassen, aber vor allem auch zu reflektieren, also sich mit ihnen auseinander zu setzten. *Anders* oder *Unterschiedlich* meint hier nicht eine Abweichung von gesellschaftlichen Normen, sondern eine Abweichung der eigenen inneren Werte und Einstellungen. Die Vorgabe der antidiskriminierenden, offenen Erziehung bezieht sich auf Religion, Weltanschauung und Politik, wobei eine Ausgrenzung, von der Wahrnehmung der inneren Gefühlswelt eines Individuums, stattfindet. So lassen Trans*gender und Inter*sexualität sich nicht als Weltanschauung verorten, welche sich erst im Laufe des Lebens entwickelt. Laut § 2 Abs. 7 SchulG achtet die Schule „den Grundsatz der Gleichberechtigung der Geschlechter"[85], wobei Trans*menschen und Inter*sexuelle begrifflich nicht eingeschlossen sind.

5.2.) Vielfältigkeit der Queer Theory als Basiskonzept des Schulwesens und als Kriterium der Untersuchung

Die Queer Theory dient als grundlegendes Analysekriterium. Im Umgang mit Trans*gender und Inter*sexualität sind ihre Annahmen und Einstellungen die jüngsten. Termini wie Mann* und Frau* wird keine Begriffsherrschaft mehr überlassen. Die Queer Theory versucht die

[79] Ebd.
[80] Ebd.
[81] Ebd.
[82] Ebd.
[83] Ebd. S. 66.
[84] Dies sind Auszüge des Schulgesetzes, welche relevant hinsichtlich dieser Arbeit sind. Es handelt sich nicht um eine ausführliche Zusammenfassung des Auftrags der Schule. Dieser ist jedoch in dem Werk, welches hier zur Übersicht der Rechtslage genutzt wurde, in vollem Maß nachzulesen.
[85] Ebd.

Begriffsmacht zu umgehen, was für eine vorurteilsfreie Bildung und Erziehung von Kindern und Jugendlichen prägend ist. Um eine Veränderung in der Gesellschaft zu erkennen und hervorzubringen, müssen Kinder und Jugendliche mit dem dekonstruktivistischen Konzept der Vielfältigkeit vertraut gemacht werden. Dies funktioniert nur mit einem alltäglichen Präsentsein dieses Ansatzes. Woraus folgt, dass vor allem in Schulen, welche den Großteil einer Kindheit prägen, dieses Konzept ansetzten muss, um die Gesellschaft zu formen.

5.2.1.) Untersuchung wissenschaftlicher Arbeiten

> Der politische Anspruch eines ganzheitlichen Sexualverständnisses und der Behandlung kultureller, sozialer und moralischer Aspekte, darunter auch problembehafteter Themen, wird von Lehrenden tendenziell weniger umgesetzt.[86]

Die Umerziehung hin zu einer divers orientierten Gesellschaft erfolgt durch äußere Einflüsse. So kann queere Gesellschaftsformung durch die Institution Schule nur dann stattfinden, wenn Lehrkräfte eine Umerziehung hin zu einer diversen Denkweise erfahren. Was wiederum impliziert, dass Einflussfaktoren der Erwachsenen grundlegend vielfältig eingestellt sind. So müssten sich wissenschaftliche Arbeiten, vor allem im didaktischen Bereich, umorientiert haben. Dazu gehört grundlegend eine gendergerechte Sprache. Auch wenn Ausdrücke wie *Schüler-* und *Schülerinnen* oder *Lehrer-* und *Lehrerinnen* durch die heteronormativ geprägte Gesellschaft bloß zwei Geschlechter benennt, zeigt sich in der Nennung dieser der Wille, jedes Subjekt miteinzubeziehen. Aufgrund des Begriffsmangels für andere Subjekte ist eine dichotom orientierte Benennung aller Individuen unumgänglich.[87] Erforderlich für eine Arbeit über Sexualerziehung ist des Weiteren die Miteinbeziehung aller LGBTIQ*individuen. Dabei sollte sich stets eine dekonstruktive Grundeinstellung bemerkbar machen. Zusätzlich zeichnet sich ein Erziehungsratgeber, im Sinne einer queeren Sexualerziehung, durch eine kritische Haltung gegenüber ursprünglicheren und derzeit existierenden Unterrichtskonzepten aus.

Ein gendergerechter Sprachstil zeichnet sich in allen gesichteten Beiträgen zur Sexualerziehung ab, was eine gleichberechtigende Weltanschauung zugrunde legt. Für die Arbeit wurde, der Aktualität wegen, Literatur der vergangenen vier Jahre gesichtet. Gemeinsam sind die Autoren der Meinung, dass die Aspekte der sexuellen und geschlechtlichen Vielfalt in „der Entwicklung von Lehr- und Lernprozessen im Biologieunterricht kaum etabliert sind."[88]

Dabei teilen beinahe alle Autoren die Meinung, dass „Heteronormativität [...] sozial konstruiert [ist] als ‚natürliche Gegebenheit'"[89] und, dass auch „andere erstrebenswerte Le-

---

[86] Hoffmann, Markus: Schulische Sexualerziehung. Deutungsmuster von Lehrenden. Opladen, Berlin & Toronto 2016. S. 129.

[87] Auf einen genderneutralen Sprachstil weiter unten im Text verwiesen. Jedoch ist hier beschriebene Benennung weitaus fortschrittlicher als ein Sprachstil, welcher sich einzig auf das generische Maskulinum bezieht.

[88] Huch: Geschlechtliche und sexuelle Vielfalt in der Didaktik der Biologie. S. 185.

[89] Magnus, Cristian / Fereidooni, Karim: Heteronormativität und Diversity – Sexuelle Orientierung als Aspekt der Lehrer_innenbildung? In: Schule gemeinsam gestalten. Beiträge für Wissenschaft und Praxis aus dem Studien-

bensformen existieren“[90] können. Unter diesen Voraussetzungen wird der Körper des Menschen als „flowing assemblage“[91] verstanden, welcher jeder Art der Veränderung oder Permanenz ausgesetzt sein kann.[92] Gegensätzlich dazu teilen Martin und Nitschke das Verständnis, dass aus dem Körper, welcher in erster Linie durch das biologische Geschlecht definiert würde, die Geschlechtsidentität resultiere.[93] Diese Einstellung wiederstrebt dem aktuellen Topos, Geschlechtsidentität, biologisches Geschlecht und Begehren losgelöst voneinander zu betrachten.

Die Autoren beziehen sich zwar auf sexuelle Orientierungen und Identitäten, jedoch geht einzig Ehrensaft genauer auf die Geschlechtsidentität ein:

> Gender-creativity is the weaving together of a unique and authentic gender self based on core feelings and chosen gender expressions. [...]. [The] gender-creative child: the child who does not abide by the binary gender norms, prescriptions, or proscriptions that might exist in the childs´s culture, but transcends and transgresses those norms to independently, uniquely, and with artistry evolve into the gender that is ‚me.‘[94]

Die Autoren erkennen die Nonexistenz von Norm und Abweichung an, da „diese durch soziale[...] oder institutionelle[...] Interaktionen (re)produziert“[95] werden. Gegensätzlich dazu produzieren Autoren jedoch Norm und Abweichung. Durch den Gebrauch eines Ausdrucks wie „nicht heteronormative Lebensweisen“[96], wird durch das *nicht* ein Gegenteil erzeugt, welches unterbewusst Norm und Abweichung impliziert.[97] Anstatt selbiges als *vielfältige Lebensweisen* zu beschreiben wird eine Benennung und somit auch die Bezugnahme umgangen. Lehrkräfte werden im „Zuge kultureller Modernisierung“[98] aufgefordert den Kindern und Jugendlichen „universalistisch, unterschiedliche Ermöglichungsformen“[99] eines Lebenskonzepts zu vermitteln, ohne Orientierung an einer Norm. Gleichzeitig muss dem Erkennen von Gemeinsamkeiten unter Lernenden Raum gegeben werden.

Aus der Literatur geht hervor, dass die Problematik häufig verstanden und aufgegriffen wurde, die Handhabung jedoch „häufig theoriefern und vorwiegend aus einer moralisch-

---

kolleg der Stiftung der Deutschen Wirtschaft und der Robert Bosch Stiftung. Hrsg. Von Martin Drahmann und Jonas Scharfenberg. Münster / New York 2017 (=Gemeinsam Schule gestalten, Bd. 1). S. 86-102. S. 99.

90 Ebd.

91 Allen, Louisa: Schooling Sexual Cultures. Visual Research and Sexual Education. New York 2017 (=Routledge: Critical Studies in Gender and Sexuality in Education, Bd. 6). S. 160.

92 Vgl. Berger: Sexuelle Bildung in der Schule. S. 110.

93 Vgl. Ebd. S. 109.

94 Ehrensaft, Diane. From Gender Identity Disorder to Gender Identity Creativity. The Liberation of Gender-Nonconforming Creativity. In: Supporting Transgender & Gender Creative Youth. Schools, Families, and Communities in Action. Hrsg. Von Dennis Carlson und Eliztabeth Meyer. New York 2014. S. 13-25. S. 14

95 Magnus, Cristian / Fereidooni, Karim: Heteronormativität und Diversity – Sexuelle Orientierung als Aspekt der Lehrer_innenbildung? S. 88.

96 Berger: Sexuelle Bildung in der Schule. S.114.

97 Eine weitere Reproduktion der Dichotomie von Norm und Abweichung erfolgt in der Arbeit selbiger Autoren auf S. 111 f. Dabei wird diese durch die Annahme, dass Menschen eine Wahlidentität zusteht, wenn diese sich als hetero-, homo- und bisexuell oder weiblich und männlich bezeichnen können, erzeugt. Diese Begriffe werden als ein ‚normaler‘ Zustand bezeichnet, welchem sich Schüler* und Schülerinnen* gerne annehmen. Gegenübergestellt werden Trans*gender und Inter*sexuelle als nicht definierbar und folglich ‚abnormal‘ aufgefasst.

98 Hoffmann: Schulische Sexualerziehung. S. 133.

99 Ebd.

normativen Perspektive heraus"[100] geschieht. So ist zum Beispiel die alleinige Benennung des Vorhandenseins von LGBTIQ*menschen im Unterricht nicht mit Vielfältigkeit als Unterrichtsbasis gleichzusetzten. Vielmehr birgt sich hinter der isolierten Behandlung der Thematik die Gefahr, diese als Abweichung und Besonderheit aufzufassen, wodurch die „Dualität von Norm und Abweichung unhinterfragt"[101] reproduziert wird. Um Diversität als Basis zu konzeptualisieren, muss nicht nur das Personal dementsprechend ausgebildet sein. Es gilt als Gesellschaftsauftrag, etwas zu verändern:

> Our collective responsibility is to make sure that model gets implemented, not just in our own homes, backyards, or communities, but worldwide, to ensure the human right of people of all genders across the globe.[102]

Dieses Bildungsziel wird von Hoffmann fälschlicherweise als „Erziehung zur Vielfalt bzw. Erziehung zu affirmativer Anerkennung pluraler Formen von Sexualität"[103] benannt, da die Anerkennung von etwas eine Miteinbeziehung jenes Selbst und eine kritische Auseinandersetzung mit der Thematik ausschließt. Vor allem in Anbetracht dessen, dass „sichtbar ist, dass schulische Sexualerziehung primär biologische Abläufe als Wissen behandelt."[104] Hoffmann erklärt, dass moralisch, ethische Fragestellungen und Probleme, welchen Diskriminierung ebenfalls angehört, weniger behandelt werden. Insofern gilt es für jenes, jegliche Vorstellungen von Körper, Sexualität und Begehren abzulegen.

> To change chorerography of our own gender footwork, our first task is to unlearn everything we ever learned or internalized about gender.[105]

Grundlegend, ist dafür ein vorsichtiger Umgang mit den Begrifflichkeiten:

> It helps preservice teachers to know that gender terminology is fluid, contextually based, and highly sensitve and should be used as respectfully as possible.[106]

Dies sollte kein fachspezifischer Vorgang sein, sondern alle Lehrpersonen betreffen, indem die „Auseinandersetzung mit der ‚sexuellen Orientierung und dem Geschlecht' [...] ein Querschnittsthema in allen Arbeitseinheiten"[107] wird.[108] Es gilt, „die Entwicklung eines machtkritischen, reflektierten und positiv zu verstehenden Diversitätsbegriffs zu evozieren"[109] um grundlegend, divers eingestellte Persönlichkeiten hervorzubringen.

Des Weiteren zeigt die Literatur auf, welches Missverständnis von Sexualität in Lehrer* und Lehrerinnen* und Schüler* und Schülerinnen* vorliegt. Aus einer quantitativen Un-

---

[100] Hartmann, Jutta: Geschlechtliche und sexuelle Vielfalt im Kontext von Schule und Hochschule. Normativität und Ambivalenz als zentrale Herausforderungen einer Pädagogik vielfältiger Lebensweisen. In: Sexuelle Vielfalt im Handlungsfeld Schule. Konzepte aus Erziehungswissenschaft und Fachdidaktik. Hg. Von Martin Lücke. Bielefeld 2015. S. 27-47. S. 28.
[101] Hoffmann: Schulische Sexualerziehung. S. 128.
[102] Ehrensaft: From Gender Identity Disorder to Gender Identity Creativity. S. 16.
[103] Hoffmann: Schulische Sexualerziehung. S. 140.
[104] Ebd. S. 128.
[105] Ehrensaft: From Gender Identity Disorder to Gender Identity Creativity. S. 18.
[106] Ebd. S. 103.
[107] Berger: Sexuelle Bildung in der Schule. S. 117.
[108] Vgl. Huch: Geschlechtliche und sexuelle Vielfalt in der Didaktik der Biologie. S. 198.
[109] Magnus: Heteronormativität und Diversity – Sexuelle Orientierung als Aspekt der Lehrer_innenbildung? S. 92.

tersuchung geht hervor, dass manche Lehrkräfte die Fehleinschätzung haben, dass Jugendliche keinerlei Probleme in ihrer Sexualentwicklung haben. Widersprüchlich dazu wirft eine Lehrerin ihren Schülern* und Schülerinnen* ein enormes Entwicklungsdefizit vor, weswegen eine reflektierende, selbstbezogene Sexualerziehung unmöglich sei.[110]
Es ist von bedeutender Relevanz für Kinder und Jugendliche, eigene „Norm- und Wertvorstellungen bewusst werden zu lassen, zu reflektieren und sich mit anderen auseinanderzusetzen, um einen eigenen Standpunkt zu finden."[111] Für einige Autoren steht „[d]ie Förderung des Dialogs innerhalb des eigenen Geschlechts, mit dem anderen Geschlecht"[112] im Vordergrund. Es liegt bei diesem Arbeitskonzept eine dichotome Einteilung in das *Eine* und das *Andere* vor. Des Weiteren schlagen die Autoren eine „geschlechtshomogene Arbeit" bei „körperbezogenen Themen"[113] vor. Eine dichotome Aufteilung ist gegenüber Trans* oder Inter*kindern diskriminierend. Es können Probleme entstehen, und somit eine Fehlentwicklung bezüglich des Geschlechtes und der Sexualität evoziert werden. Wie geht man zum Beispiel vor, wenn ein Trans*mädchen sich für Menstruation interessiert, da sie sich als Mädchen* identifiziert. Durch eine dichotome Einteilung in Jungen* und Mädchen* wird Kindern eine heteronormative Einstellung anerzogen. So könnte es passieren, dass Mädchen* ein Trans*mädchen nicht in ihrer Gruppe akzeptieren, da sie durch die Fehlerziehung nicht der Auffassung wären, dass es sich um ein Mädchen* mit einer äußerlich, vielfältigen Entwicklung handelt, sondern dieses als eigentlichen Jungen* einordnen würden. Kinder müssen lernen, „eine reflektierte Haltung zur Reichweite biologischer Aussagen [zu] entwickeln und Naturalisierungen von gesellschaftlichen Ordnungen [zu] thematisieren."[114]

Den Autoren ist bewusst, dass es der Fachdidaktik der Sexualerziehung noch etlicher Forschung bedarf und dieses Forschungsgebiet in einem stetigen, unaufhaltbaren Wandel ist. Belege dafür sind ihre Forschungen selbst, welche sich überwiegend auf Vielfältigkeit, im Sinne der sexuellen Orientierung beziehen.[115] Trans*gender und Inter*sexualität werden in der allgemeinen Literatur zur Sexualerziehung meist noch nicht explizit, durch Versuche oder Befragungen, erforscht. Dieser peripheren Problembehandlung bedarf es an Erweiterung.

Abschließend lautet die Einsicht: „What sexuality education *becomes* is indeterminate".[116] Sexualität und Geschlecht, sind ebenso wie die dazugehörige Forschung nicht definierbar. In Undefinierbarkeit liegt Vielfältigkeit, welche das grundlegende Wesen der vorherrschenden Auseinandersetzung ist. Diese Art der Undefiniertheit ermöglicht es, „Vielfalt als Bereicherung und nicht als Bedrohung zu sehen."[117] Gegensätzlich herrscht aktuell

110 Vgl. Hoffmann: Schulische Sexualerziehung. S. 181 u. 211f.
111 Berger: Sexuelle Bildung in der Schule. S. 12.
112 Ebd. S. 13.
113 Ebd. S. 22
114 Huch: Geschlechtliche und sexuelle Vielfalt in der Didaktik der Biologie. S. 183.
115 Vgl. ÄÄMagnus: Heteronormativität und Diversity – Sexuelle Orientierung als Aspekt der Lehrer_innenbildung? S. 86
116 Allen: Schooling Sexual Cultures. Visual Research and Sexual Education. S. 161.
117 Berger: Sexuelle Bildung in der Schule. S. 116.

jedoch die Annahme diese „'neue' Unübersichtlichkeit forder[e] heraus, schaff[e] Ambivalenzen und fühl[e] sich zuweilen befremdlich an“[118]. Sarah Huchs Annahme, dass „das dichotome polarisierende Grundschema von Geschlecht Prämisse zu bleiben“[119] scheint, wird dadurch bestätigt.

5.2.2.) Untersuchung der Richtlinien der Sexualerziehung in NRW

Aufgrund der Komplexität des Themas Sexualität wurden Richtlinien für die Schulen erschaffen. Diese sind seit 1999 unverändert und konstituieren den Aufgabenbereich der Schule bezüglich der Sexualerziehung und den Umgang der Lehrpersonen mit den Lernenden und den Unterrichtsinhalten. Ausschlaggebend für die Erneuerung der Richtlinien war die Einsicht, Lernende „nicht nur mit den biologischen, sondern auch mit den ethischen, sozialen und kulturellen Fragen der Sexualität vertraut zu machen.“[120] Dabei wird Sexualität nicht auf ihren Fortpflanzungsaspekt reduziert, sondern facettenreich, als „Lebenskraft“[121] angesehen, welche das ganze Leben über präsent ist und sich auf verschiedenen Ebenen auswirken kann. So wird auch der Beziehungsaspekt in Familien und Freundschaften miteinbezogen. Zu Beginn wird für die „freie Entfaltung der Persönlichkeit“[122] plädiert. In der Benennung dieser handelt es sich um *Schüler* und *Schülerinnen*, *Lehrer* und *Lehrerinnen*, *Mädchen* und *Jungen* und um *Frauen* und *Männer*. Dies zeigt, dass Frauen* und Männer* gleichgestellt werden und schließt Individuen, welche sich hier nicht einordnen können oder wollen paradoxerweise aus.

Das Ministerium will, dass Diskriminierung im Unterricht überwunden wird, indem „junge Menschen vor Fehlinformationen und Fehleinstellungen“[123] geschützt werden. Des Weiteren sollen Lernende „personale, partnerschaftliche, gesellschaftliche und kulturelle Zusammenhänge im Bereich der Sexualität [...] verstehen und sich ein eigenes Urteil [...] bilden“[124] können. Diese Aspekte der Sexualerziehung stehen im Sinne eines Vielfältigkeitskonzepts. Durch das Verstehen gesellschaftlicher Zusammenhänge könnten Lernende verstehen, dass auch ihre Sexualität und Identität durch äußere Einflüsse konstruiert wird. Sie können diese Konstruktionen hinterfragen und sich selbstbestimmt in das System einordnen oder sich von ihm abwenden. Auffallend vielfältig ist die Wahl des Begriffs *junge Menschen*. Vorwegnehmend, dem Kapitel 5.3.), handelt es sich dabei um eine Möglichkeit, alle Subjekte der Gesellschaft in einem Terminus zu berücksichtigen. Denn allen Kindern, die zur Schule gehen, vor allem in der Sekundarstufe I, ist gemein, dass sie jung sind. Der Terminus ermög-

---

[118] Ebd. S. 20.
[119] Huch: Geschlechtliche und sexuelle Vielfalt in der Didaktik der Biologie. S. 186
[120] Ministerium für Schule (Hg.): Richtlinien für die Sexualerziehung in Nordrhein-Westfalen. Frechen 1999 (=unveränderter Nachdruck 2011, Heft 5001). S.3
[121] Ebd. S. 7.
[122] Ebd.
[123] Ebd.
[124] Ebd.

licht, dass unter vielfältigen Individuen auch Gemeinsamkeiten bestehen. So sind Menschen, als eine Gruppe gemeint und keine Gruppe, welche sich in Schüler* und Schülerinnen* aufteilen lässt.
Im Sinne eines offenen, freiräumigen Umgangs mit Sexualität, ist in den Richtlinien bestimmt, „dass Werte, Tugenden und Normen bewusstgemacht und reflektiert werden."[125] Der Raum wird noch weiter eröffnet durch die Festlegung, dass Sexualerziehung „nicht an den Veränderungen sexueller Einstellungen und Verhaltensweisen in unserer Gesellschaft vorbeigehen" soll.[126] Dies hat eine theoretische Anpassung der Richtlinien zur Folge, sollte sich die Gesellschaft dementsprechend weiterentwickeln. Einstellungen und Verhaltensweisen schließen Trans*gender und Inter*sexuelle aus, da es sich hier um Subjekte handelt und nicht um eine möglicherweise vorübergehende Verhaltensweise. Insofern ist die Phrase belanglos, da sie ihre Aussicht auf Anpassung offenkundig nicht einhält, wenn man die Weiterentwicklung bis hin zu 2018 bedenkt.

Die Richtlinien zur Gestaltung von Lernprozessen sind in sich unstimmig. Einerseits soll die Unterrichtsgestaltung durch „aktuelle Ereignisse"[127] bestimmt sein. Dabei sollen „Kinder und Jugendliche mitentscheiden können"[128], wodurch der Unterricht auf die individuelle Identitätsentwicklung der Lernenden abgestimmt sein soll. In diesem Rahmen soll die „kritische Selbstreflexion der eigenen Geschlechtsrolle"[129] evoziert werden. Dies sind Bedingungen, welche auf Vielfältigkeit basieren und die bestmögliche Entwicklung des Subjekts hervorbringen. In diesen Richtlinien wird für die bestmögliche Entwicklung bei bestimmten Themenkomplexen eine „äußere Differenzierung" [130] vorgeschlagen, indem „Mädchen und Jungen zeitweise getrennt lernen".[131] Das Lernen in „geschlechtshomogenen Gruppen"[132] birgt Probleme, welche im vorherigen Kapitel bereits geschildert wurden. Grundlegend ist, dass dieser heteronormativ verankerte Lernprozess nicht mit einer queeren Weltanschauung übereinstimmt.

Die Richtlinien legen besonderen Wert darauf, dass der Beziehungsaspekt in der Sexualerziehung aufgenommen wird, da dieser äußerst große Einflussnahme auf die Menschwerdung des Subjekts hat. Das funktioniert besonders, „[indem] Kinder und Jugendliche mit ihrer Gefühlswelt ernst genommen werden."[133] Dieser Aspekt ist vor allem wichtig, da somit der Umgang mit Gefühlen geschult werden kann. Kinder und Jugendliche lernen, mit Zurückweisungen umzugehen. Trans*gender und Inter*sexuelle müssen dies, gesellschaftsbedingt, vermehrt erfahren. So sichert der Absatz, die Gefühle der Lernenden nicht als leicht-

[125] Ebd. S. 8.
[126] Ebd.
[127] Ebd. 9.
[128] Ebd.
[129] Ebd. S. 10.
[130] Ebd. S. 9.
[131] Ebd. S. 10.
[132] Ebd.
[133] Ebd. S. 11.

sinnig und unerfahren abzustecken, sondern Kinder und Jugendliche als vollwertiges Gesellschaftsmitglied zu behandeln und sich in ihren Gefühlen zu orientieren.

Abschnitt 5.2 der Richtlinien, welcher sich mit den Geschlechterrollen in der Sexualerziehung auseinander setzt ist besonders kritisch zu betrachten. Die Grunderkenntnis, dass das Rollenverhalten der Kinder „vom Rollenverhalten der Erwachsenen und von geschlechtstypischen Erwartungen, die von den Menschen in ihrem Umfeld“[134] beeinflusst wird, teilt diese Annahme mit der Queer Theory. Es handelt sich um ein Arrangement von Erwartungshaltung und Erwartungserfüllung, welche eine gesellschaftlich akzeptable Persönlichkeit synthetisiert. Die Richtlinien streben, wie die Queer Theory auch, danach, dass Subjekte „zu ihrem persönlichen Rollenbild“[135] finden. In den Richtlinien ist dabei allerdings nur die Rede vom „Rollenverhalten von Mädchen und Jungen“.[136] Dabei gilt als Ziel, den „Mädchen und Jungen [...] geschlechtstypisches Denken und Fühlen [...] bewusst“ [137] zu machen. Dies soll in einer „kritischen Auseinandersetzung mit bestehenden Rollen, Achtung und Verständnis für individuelle Variationen des Rollenverhaltens sowie Toleranz den Meinungen und Einstellungen anderer gegenüber“ [138] evozieren. Durch die alleinige Benennung der Rollen der Frau* und des Mannes* werden die Lernenden dichotom geprägt und es entwickelt sich ein heteronormatives Welt- und Selbstverständnis. Des Weiteren wird den Lernenden bewusst gemacht, dass sie etwas fühlen oder denken, weil sie männlich* oder weiblich* sind, anstatt diese Vorgänge als Prozess des Erwachsenwerdens eines jeden Menschen handzuhaben. Kritik an den bestehenden Rollen auszuüben ist ein wichtiger Bestandteil für eine queere Denkweise. Jedoch scheint es für Lernende kaum möglich, sich einer anderen, eigenen Rolle anzunehmen, wenn diese bloß Variationen der bestehenden Rollen sind. Es wird zwar nicht direkt von einer Abweichung gesprochen, jedoch impliziert die Phrase, dass Rollen welche nicht ‚geschlechtstypisch‘ männlich* oder weiblich* sind, trotzdem aus diesen hervorgehen und als Variation nicht erstrebenswert sind, da sie nicht als eigenständige Rolle fungieren. Lernende, welche unter dieser Prämisse unterrichtet werden, lernen, dass es Mann* und Frau* gibt, welche ‚geschlechtsspezifische‘ Verhaltensweisen ausüben. Dabei soll die Einteilung in zwei Geschlechter kritisch hinterfragt werden, da es andere Rollen gibt, welche jedoch aus Mann* und Frau* hervorgehen und davon abweichen. Jemand der sich diesen beiden Rollen nicht zugehörig sieht, wird sich ungern als Variation von einer Rolle identifizieren. Ferner ist es für ein Subjekt, welches sich gerne als typisch männlich* oder weiblich* identifizieren würde, sich aber nicht ‚geschlechtstypisch‘ verhält, ebenfalls ein Ausschluss.

---

[134] Ebd. S. 12.
[135] Ebd.
[136] Ebd.
[137] Ebd.
[138] Ebd.

Sexueller Orientierung und Identität werden ein eigener Abschnitt gewidmet. Das Ministerium will das Potenzial der Schule nutzen, Kindern und Jugendlichen zu helfen „die eigene sexuelle Identität zu finden und bewusst dazu zu stehen".[139] Dabei wird im queeren Sinne von einer Vielfältigkeit der Sexualität ausgegangen.[140] Ambivalent dazu werden „Hetero-, Bi-, Homo-, und Transsexualität [als] Ausdrucksformen von Sexualität [gesehen], die, ohne Unterschiede im Wert, zur Persönlichkeit des betreffenden Menschen gehören."[141] Es zeichnet sich ein Missverständnis von Trans*sexualität ab, wie oben bereits erläutert. Durch die Gleichsetzung von Sexualität und Identität und die verminderte Auseinandersetzung mit dem Sachverhalt Trans*sexualität, zeichnet sich ein nicht entkoppelter Begriff von Identität, Sexualität, Geschlecht und Begehren ab. Letztendlich finden Themen wie Trans*gender und Inter*sexualität keinen relevanten Einzug in die Richtlinien für die Sexualerziehung, wodurch auffällt, dass diese nicht fortschrittlich sind.

Für eine Verbesserung der Gesellschaft ohne Diskriminierung soll die Schule der „Förderung gegenseitiger Akzeptanz" [142] nachgehen. Akzeptanz ist in der Queer Theory ein umstrittener Begriff, da er impliziert, dass ein Subjekt das andere zwar akzeptiert, dieses aber trotzdem als Abweichung der Norm betrachtet und sich aus seiner Lebenswelt fernhält. In diesem Fall wäre die Gestaltung einer gemeinsamen Lebenswelt erstrebenswerter.[143]

In Bezug auf Körper und Sexualität wird in den Richtlinien verankert, dass fundierte Informationen äußerst wichtig für die Entwicklung sind, da eine „positive Beziehung zum eigenen Körper [...] eine wesentliche Voraussetzung für das Erleben befriedigender Sexualität" [144] sind. Dabei sollen Ideale umgangen und dekonstruiert werden, welche keine „körperliche[n] Unzulänglichkeiten zulassen".[145] Dies wird betont und fundiert auf der Annahme, dass nur „wer sich selbst als liebenswert wahrnimmt und als wertvoll annimmt, [...] zu jener Selbstsicherheit finden [kann], die für die Entwicklung der gesamten Persönlichkeit wichtig ist."[146] Ein wichtiger Grundgedanke, welcher Vielfältigkeit zulässt. Dieser wird jedoch durch die Annahme, es handele sich bei körperlicher Variation um ein Defizit, begrenzt.

Positiv fällt auf, dass darauf geachtet wird, „dass schon in der Primärstufe die Sexualität nicht nur unter biologischen, sondern auch unter ethischen, sozialen und kulturellen Aspekten behandelt wird."[147] Das ermöglicht es, Kinder, die oft noch formbar und nicht auf eine Meinung festgelegt sind, zu einer offenen Weltanschauung hin zu erziehen, in welcher

---

[139] Ebd. S. 13.
[140] Vgl. Ebd.
[141] Ebd.
[142] Ebd.
[143] Nicht zugehörig zum Thema Inter*sexualität und Trans*gender fällt auf, dass in selbigem Abschnitt Fetischismus, Sadomasochismus, Sodomie und weiteres Sexualverhalten nicht in Zusammenhang mit Sexualität und Identität betrachtet werden, sondern als Abnormität behandelt werden. Hier zeigt sich ein falsches Verständnis von Sexualität und Identität. Diese implizieren eine Freiheit auf allen Ebenen und sind als Abweichung zu verbuchen, wenn sie ein rechtswidriges Verhalten zur Folge haben.
[144] Ebd. S. 14.
[145] Ebd.
[146] Ebd.
[147] Ebd. S. 18.

Trans*gender und Inter*sexuelle einen Platz an der Seite vieler anderer Subjekte finden. Zusätzlich dazu sichern die Richtlinien „Sensibilität und Zurückhaltung bei der Leistungsbewertung" [148] um eine zwanghafte Meinungsbildung bei den Lernenden zu verhindern. Somit soll jeder in seinen Ansichten angehört und nicht unterdrückt werden, was einen vielfältigkeitsorientieren Unterricht evozieren kann.

Die Richtlinien für die Sexualerziehung setzen eine möglichst individuelle Persönlichkeitsentwicklung der Kinder und Jugendlichen zur Prämisse. Dabei werden alle möglichen Informationen (Körper, Sexualität, Identität, Gefühlswelt, Pornografie, Sexualität und Medien, Prostitution, sexuelle Orientierung, Individualität, etc.) miteinbezogen. Jedoch fundieren die Richtlinien auf einem heteronormativen Weltverständnis, was sich durch die Sprache, vor allem in Bezug auf sexuelle Identitäten, ausdrückt. Nicht die Benutzung des generischen Maskulinums und Femininums stellen das Problem dar, sondern vielmehr, die Nutzung der Begriffe *Mann** und *Frau** bezogen auf Geschlechtsidentitäten und die damit verbundene Anforderung, Geschlechterrollen bewusst werden zu lassen.

Der Raum der sexuellen Identitäten bleibt, trotz Behandlung dieser, durch die Handhabung als Variation von Frau* und Mann*, anstatt einer Handhabung als eigenständige Rolle und Persönlichkeit, ungeöffnet. Somit ist festzustellen, dass die Richtlinien bezüglich der Thematik Inter*sexualität und Trans*gender veraltet und nicht mehr zeitgemäß sind. Unterricht, der sich heutzutage auf diese Richtlinien bezieht, kann nicht aus einem queeren Weltverständnis entstehen. Die Richtlinien beten zwar um kritischen Umgang mit Geschlechterrollen, jedoch werden selbst diese, durch die sich durch den Text ziehende heteronormative Begriffsmacht und die Auslassung einer ausführlichen Erwähnung von LGTBIQ*, erzeugt.

5.2.3.) Untersuchung des Kernlehrplans NRW's

Der Kernlehrplan für das für die gymnasiale Sekundarstufe I gilt in Nordrhein-Westfalen seit 2008 für das Fach Biologie. Er dient nicht dazu, genaue Vorschriften für den Unterricht zu geben, sondern soll als Leitfaden dienen, um in Schulen „Gestaltungsspielräume" [149] zu schaffen. Dabei setzt sich der Lehrplan aus Grundlagen und Zielen, Kompetenzerwartungen und Inhaltsfeldern zusammen. Eine gute Grundausbildung im Fach Biologie ist immanent, „da sie eine für die Gesellschaft wichtige Sicht auf die Welt ermöglicht und damit hilft, sowohl die Gesellschaft als auch das Individuum weiterzuentwickeln."[150] Dem liegt zugrunde, dass Biologieunterricht nicht nur aus der Vermittlung von Fachwissen besteht, sondern persönliche Aspekte, ethische und kritische Fragestellungen dem Fachwissen gleichgestellt werden. Dabei soll der Unterricht von den „Alltagserfahrungen und Vorstellungen der Schülerinnen

[148] Ebd. S. 19.

[149] Ministerium für Schule und Weiterbildung (Hg.): Kernlehrplan für das Gymnasium – Sekundarstufe I in Nordrhein-Westfalen. Biologie. Frechen 2008 (=Heft 3413). S. 3.

[150] Ebd. S. 9.

und Schüler"[151] her gestaltet werden. Dies beinhaltet eine Berücksichtigung aller Lernenden und macht jeden, unabhängig von Identität, Persönlichkeit und sexueller Orientierung, geltend. Dabei wird im Kernlehrplan eine dichotomer Begriffsgebrauch nicht vermieden. Die „Entwicklung personaler und sozialer Kompetenzen"[152] steht im Vordergrund. Dies umfasst eine Schulung zu einem respektvollen Miteinander der Lernenden.

In der Erklärung der Basiskonzepte der Biologie wird wiederholt von der „Existenz der großen Vielfalt der Lebewesen"[153] gesprochen. Mutation und Neukombination als Ursache dafür werden positiv aufgefasst und Kinder sollen lernen, diese „individuelle Entwicklung und die damit verbundenen Veränderungen der Organismen innerhalb ihrer Lebenszeit"[154] wahrzunehmen.

In den Kompetenzen und Inhaltsfeldern spiegelt sich die Vielfalt bezüglich der Sexualerziehung limitiert wieder. Dies kann auf zwei verschiede Art und Weisen interpretiert werden. So heißt es in den Kompetenzerwartungen, dass Lernende am Ende der Jahrgangsstufe 6 die „Geschlechtsorgane von Mann und Frau erläutern" „und vergleichen"[155] können sollen. Ende der Jahrgangsstufe 9 sollen die Lernenden „Befruchtung, Keimesentwicklung, Geburt sowie den Alterungsprozess und den Tod als Stationen der Individualentwicklung des Menschen"[156] beschreiben können. Inhaltlich gehören dazu in der Jahrgangsstufe 5/6 die „Veränderungen in der Pubertät, Bau und Funktion der Geschlechtsorgane, Paarbindung, Geschlechtsverkehr, Empfängnis, Empfängnisverhütung, Schwangerschaft und Geburt, Entwicklung vom Säugling zum Kleinkind".[157] Diese Grundlagen werden in der Jahrgangsstufe 7/9 durch die Inhalte „Mensch und Partnerschaft, Bau und Funktion der Geschlechtsorgane, Familienplanung und Empfängnisverhütung"[158] ergänzt.

Dass Kinder und Jugendliche zwischen Mann* und Frau* unterscheiden sollen ist wichtig, da Geschlechtsorgane von biologischer Natur sind und ihre Unterscheidung grundlegend ist. In Anbetracht dessen, dass sich ein Großteil der Menschheit zu einer biologischen Frau* oder Mann* entwickelt und sich auch vollends mit dem gesellschaftlich konstruiertem, zugehörigen gender identifiziert, ist dies für Kinder und Jugendliche wichtig, auch wenn dadurch Zweigeschlechtlichkeit reproduziert wird.

In den restlichen Kompetenzerwartungen und Inhaltsfeldern findet keine Unterscheidung von Mann* und Frau* statt. Gleichzeitig wird aber die Behandlung anderer Identitäten und Persönlichkeiten nicht als Inhaltsfeld beschrieben. Für ein ganzheitlich queer strukturiertes Schulsystem, welches von einer grundlegenden Vielfältigkeit ausgeht, wäre dies normal,

[151] Ebd. S. 11.
[152] Ebd. S. 14.
[153] Ebd. S. 24.
[154] Ebd. S. 23.
[155] Ebd. S. 29
[156] Ebd. S. 30.
[157] Ebd. S. 36.
[158] Ebd. S. 37.

da die Behandlung der Themen Inter*sexualität und Trans*gender nicht zur Frage stünde. Der Kernlehrplan geht grundlegend von einer Individualentwicklung aus, welche sehr facettenreich sein kann, ohne dabei auf eine Entwicklung zu einem bestimmten Geschlecht hin abzuzielen. Gebrochen wird der Anschein von Vielfältigkeit aber durch den Verweis, dass die Richtlinien zur Sexualerziehung stets Anwendung zu finden haben.[159] Wie in der vorherigen Untersuchung, enthalten die Richtlinien maßgebliche Unstimmigkeiten. Ihre oberste Priorität beinhaltet keine Tendenz hin zu einer mannigfachen Menschheit. Die Richtlinien basieren auf einer verminderten Auseinandersetzung mit Themen, wie Inter*sexualität und Trans*gender, welche in einem rasanten gesellschaftlichen Diskurs aktuell diskutiert werden. Die Gesellschaft befindet sich in einer Umstellung, was bedeutet, dass die Grundannahme der Existenz vielfältiger Identitäten, vor allem bezogen auf sex und gender, nicht selbstverständlich ist. So kann der Kernlehrplan verschieden interpretiert werden. Für Menschen mit einem queeren Weltverständnis, wäre der Plan passend, da in der Queer Theory betont wird, dass die alleinige Benennung sexueller Identitäten und Orientierungen nicht ausreichend ist, um jenen Raum zu geben, da durch diese alleinige beiläufige Benennung Norm und Abweichung reproduziert werden. Entsprechend eines queeren Weltverständnisses muss die Thematik nicht im Lehrplan aufgezählt werden, da sie zum Inventar des menschlichen Geistes gehört und grundlegend im Unterricht auftaucht. Jemand, der ein heteronormatives Weltverständnis hat, besitzt keinen weiteren Horizont, als jenen, in welchem es Mann* und Frau* gibt. Entsprechend wird auch dessen Unterrichtsgestaltung beeinflusst werden.

Die Gesellschaft befindet sich zwar in einem Wandel, jedoch ist „Queer ist im Deutschen viel zu unbekannt, um in durchgreifender Weise zu provozieren“[160], dass Themen wie Trans*gender und Inter*sexualität im Unterricht aufgegriffen werden, obwohl sie nicht explizit in den Inhaltfeldern erscheinen. Es handelt sich um eine Übergangsphase, welche noch nicht vollständig queer gestaltet ist und unumgänglich ist, um eine queere Entwicklung der Gesellschaft zu bewirken.

5.2.4.) Untersuchung der Sexualerziehung in Lehrbüchern

Im Rahmen dieser Arbeit werden 3[161] Bücher untersucht.[162] Für die Analyse muss es Kriterien geben, um einen Ausschluss oder eine queere Miteinbeziehung von Trans* und Inter* zu

---

[159] Vgl. Ebd. S. 36 f.

[160] Degele: Gender / Queer Studies. S. 53.

[161] Für die Vorbereitung hat ein Vergleich mit Schulbüchern aus dem Jahre 2016 stattgefunden, welche im Verzeichnis aufgelistet werden. Eine direkte Miteinbeziehung lohnt sich in dem Rahmen der Arbeit nicht, da sich die Lehrbücher aus 2016 und 2017 nicht hinsichtlich ihrer Fundierung auf binären und heteronormativen Grundlagen unterscheiden. Eine Benennung von Trans*gender und Inter*sexualität findet in den eingesehenen Lehrbüchern keinerlei statt.

[162] Der Aktualität wegen erfolgt eine Analyse von Lehrbüchern, welche 2017 veröffentlicht wurden. Neben den drei ausführlich untersuchten Schulbüchern fand noch ein Vergleich mit dem Lehrbuch *bioskop 7-9* statt. Dieser wird jedoch nicht weiter ausgeführt, da keine Behandlung von Trans*gender und Inter*sexualität, geschweige denn von sexuellen Orientierungen wie Homosexualität stattfindet. Vgl. Hausfeld, Rainer (Hg.): bioskop 7-9. Gymnasium Nordrhein-Westfalen. Braunschweig 2017. S. 290-320.

vermerken.[163] Als erstes Kriterium gilt die alleinige Benennung genannter Themen. Dabei handelt es sich um ein direktes Kriterium, da die Thematik augenscheinlich in Schulbüchern vorkommt oder ausgeklammert wird. Dies kann aber auch indirekt geschehen. Wie Bittner bereits erkannt hat, tragen die Konstitution von Zweigeschlechtlichkeit und eine heteronormative Darstellung von Sexualität gleichermaßen zum Ausschluss von LGBTIQ* bei, wie die direkte Nennung oder Nicht-Nennung derer.[164]

Durch die Konzeption eines binären Geschlechterverhältnisses würden Subjekte, welche sich dort nicht einordnen lassen wollen oder können, ausgeschlossen. Es gäbe keinen Raum für vielfältige Individuen. Eine Benennung dieser würde in einem binären Zusammenhang, eine Schematisierung dieser Subjekte als Abweichung von der Norm bewirken. Bezüglich der Binarität gilt es zu Fragen: „Wird Zweigeschlechtlichkeit als Norm, als natürlich oder als sozial konstruiert gesetzt bzw. kritisch dargestellt? Wird eine eindeutige geschlechtliche Identität als Norm gesetzt bzw. kritisch dargestellt? Wird Inter* oder Trans* thematisiert?“[165]

Selbiges hat auch ein heteronormatives Verständnis von Sexualität zur Folge. Nicht nur, dass sexuelle Orientierungen wie Homosexualität und Bisexualität ausgeschlossen würden. Durch ein heteronormatives Verständnis von Sexualität würde sich erneut auf zwei der Gesellschaft bekannten Geschlechter, Mann* und Frau*, bezogen. So muss gefragt werden, wie sexuelle Orientierungen allgemein dargestellt werden und ob dabei das Hauptaugenmerk auf Heterosexualität liegt.

Zu den indirekten Kriterien gehören gendergerechte Sprachmittel als Grundvoraussetzung für eine offene, gleichberechtigende Einstellung den Menschen gegenüber. Ebenso wird Heteronormativität durch die Thematisierung von Geschlechtsspezifitäten, abhängig der Art des Umgangs damit, konstruiert oder dekonstruiert.

Aus oben Beschriebenem ergibt sich ein Analyseschritt, welcher untersucht, inwiefern eine direkte Erwähnung von LGBTIQ* erfolgt. Zu untersuchen ist, ob die Themen abgesondert, als Abweichung behandelt werden, oder von einer grundlegenden sexuellen Vielfalt und Identitätsvielfalt der Menschheit ausgegangen wird. Des Weiteren muss untersucht werden, ob die „Diskriminierung und Gewalterfahrung“ [166] dieser Individuen thematisiert wird.

Als Einstieg in die Sexualerziehung werden in allen Lehrbüchern Liebe, Partnerschaft, Sexualität, Freundschaft, Mensch und Pubertät behandelt. Demnach steht die biolo-

---

[163] Melanie Bittner hat 2011 ebenfalls eine gleichstellungsorientierte Schulbuchanalyse, unter den Kriterien Geschlechterkonstruktion und Darstellung von Lesben, Schwulen, Bisexuellen, Trans* und Inter* (LSBTI) in Schulbüchern, durchgeführt. Diese wird beachtet und bestimmte Aspekte Bittners werden in das Kapitel miteinbezogen.

[164] Vgl. Gewerkschaft Erziehung und Wissenschaft (Hg.): Geschlechterkonstruktionen und die Darstellung von Lesben, Schwulen, Bisexuellen, Trans* und Inter* (LSBTI) in Schulbüchern. Eine gleichstellungsorientierte Analyse mit einer Materialsammlung für die Unterrichtspraxis im Auftrag der Max-Traeger-Stiftung. Frankfurt am Main 2011. S. 56.

[165] Ebd.

[166] Ebd.

gische Unterscheidung des Mannes* und der Frau* nicht im Vordergrund.[167] Der Persönlichkeitsaspekt, als Prämisse der Sexualerziehung, hat Einzug in die Lehrbücher gefunden. Das Lehrbuch *Biologie Heute 2* tritt, hinsichtlich der zeitgemäßen Anpassung an den gesellschaftlichen Entwicklungsstand, besonders hervor und wird als vielversprechendes Exempel in der Gegenüberstellung zu den beiden anderen Lehrbüchern angeführt.

Wie oben erwähnt, wird das Kapitel durch die Erklärung von Liebe, Partnerschaft und Sexualität eingeleitet. Einzig negativ fällt auf, dass durch stereotypisierende Abbildungen wie ein sehnsüchtiges Mädchen* und eine Familie im Mutter-Vater-Kind-Schema Heteronormativität internalisiert wird. Dazu gehört auch eine Abbildung eines heterosexuellen Pärchens, was Junge* und Mädchen* sind.[168] Die Grundeinstellung, fühlende Individuen als einen weit gefächerten Terminus wahrzunehmen und wiederzugeben, zieht sich auch durch das zweite Kapitel, welches Vielfalt in Liebe und Sexualität behandelt. Dazu bietet sich ein direkter Einblick in die ersten beiden Seiten des Kapitels.[169] Der erste Satz des Textes ist äußerst relevant, da er den Lernenden an die Individualität des Menschen erinnert und dadurch die Folgeinformationen mit Diversität verknüpft werden können, wodurch eine positiv konnotierte Verinnerlichung des Gelernten stattfinden kann. Die Bilder der verschiedenen Paare sind alle gleich groß, was eine gleichberechtigende Wirkung hat. Das heterosexuelle Paar wird zuerst abgedruckt. Da dies kein einmaliges Phänomen ist, ist eine klare Hierarchie der sexuellen Orientierungen zu erkennen.[170]

Abgesehen dieser Kritikpunkte, wird Lernenden erstmals beigebracht, dass man Geschlechtsidentität und biologisches Geschlecht voneinander entkoppeln kann und soll. Hier liegt eine präzise Auseinandersetzung mit sexueller Orientierung, sexueller Identität und biologischem Geschlecht zugrunde. Dass verschiedene Identitäten als gesellschaftliches Potenzial angesehen werden, zeigt sich dadurch, dass Homo-, Bisexualität und Trans*- und Inter*sexualität nicht definitorisch durch eigene Abschnitte benannt werden, sondern diese Arten von Vielfältigkeit in einen Fließtext eingebaut werden. Dabei ist die Einleitungsphrase: *Bei einigen Menschen* passend gewählt. Es wird ein direkter Bezug zum Menschen hergestellt. Trans* und Inter*, genauso wie sexuelle Orientierungen werden nicht auf eine Abweichung reduziert. Die Kinder und Jugendlichen lernen vereinfacht, dass ihre Umgebung aus Menschen besteht, welche die Möglichkeit haben, sich auf verschiedene Art und Weisen zu einer Persönlichkeit zu entwickeln. Die bisher nie in Lehrbüchern verwendete Definition se-

---

[167] Vgl. Konopka, Hans-Peter / Wolff, Gabriele (Hrsg.): Lindner Biologie 2. Nordrhein-Westfalen. Braunschweig 2017. S. 200f. / Rhiem, Sandy / Spieß, Christian / Thelen, Silvan: Natura Biologie 2. Ausgabe Nordrhein-Westfalen ab 2016. Stuttgart 2017. 190f. / Joußen, Heinrich / Walory, Michael (Hrsg.): Biologie Heute 2. Nordrhein-Westfalen. Braunschweig 2017. S. 262f.

[168] Siehe Anhang Nr. (1), (2) und (3).

[169] Siehe Anhang Nr. (4) und (5).

[170] Auffällig ist hier die Stereotypisierung der Homosexuellen. So sehen die homosexuellen Männer* stark gepflegt aus. Sie haben beide kurzes, gegeltes Haar, gezupfte Augenbrauen und einen trainierten Körper. Die homosexuelle Frau* auf der rechten Seite hat stereotypisch kurz geschnittene Haare. Diese lassen sich im Lindner Lehrbuch aus 2017 auf Seite 215 auch verzeichnen.

xueller Vielfältigkeit als Möglichkeit und nicht als Abweichung, ist ein wichtiger Schritt, um Lernende zu einem queeren Weltverständnis hin zu erziehen. Trans* und Inter* werden erklärt, ohne einen direkten Zusammenhang zu einer sexuellen Orientierung zu stiften, was gehaltvoll ist, da in anderen Erklärungen die Orientierung der Identität gleichgesetzt wird.

Passend dazu wurden auch die Aufgaben 1-3 kreiert, welche die Kinder und Jugendlichen dazu bringen, sich tiefgründiger mit diesen Konzepten auseinanderzusetzten. Der Begriffe und Definitionen kundig zu sein ist auf diesem Gebiet besonders wichtig, um Sachverhalte kritisch hinterfragen zu können und ein Urteilungsvermögen zugunsten der Vielfältigkeit der Sexualität entwickeln zu können. Somit ist auch die vierte Aufgabenstellung kompetent ausgewählt, da sie fächerübergreifend ist und Kinder und Jugendliche dazu veranlasst, sich in die Rolle der Inter*menschen hineinzuversetzen. Durch die Begriffserklärung von Trans*- und Inter*sexualität besteht jedoch keine Loslösung von einem binären Geschlechterverhältnis. Der Begriff *Trans*gender* hat in dieses Kapitel keinen Einzug gefunden. Das psychische Geschlecht könne zwar vom biologischen abweichen, aber auch nur insofern, als dass es dann männlich* oder weiblich* sei. Binäre Geschlechterverhältnisse ziehen sich auch weiterhin durch das Lehrbuch, indem, wie in allen anderen Lehrbüchern fortwährend Entwicklungen des Körpers von Mann* und Frau* bearbeitet werden.

Es ist positiv zu vermerken, dass die Lernenden mit der Regenbogensymbolik vertraut gemacht werden. Das kann präventiv wirken, und Kinder und Jugendliche davor bewahren, das Symbol für LGBTIQ* in einem negativen Kontext kennen zu lernen. Gut ist auch der Verweis auf das Recht der sexuellen Selbstbestimmung, so wird Kindern und Jugendlichen auf ihrem Entwicklungsweg zu einer individuellen Persönlichkeit hin Sicherheit geboten. Durch den Verweis, dass jeder Mensch dieses Recht in Anspruch nehmen darf, insofern es keine Grundrechte verletzt, wird zum Abschluss zwischen den Individuen in ihrer Verschiedenheit eine Gemeinsamkeit geschaffen, welche alle Menschen im Endeffekt verbindet. In weiteren Aufgaben erfolgt eine tiefere Auseinandersetzung mit Geschlechtsidentität und sexueller Orientierung. Besonders Aufgabe d-e zielen auf einen fächerübergreifenden Transfer ab und erfordern und fördern metakognitive Leistungen der Lernenden.

Bereits die Menge der Aufgaben und den Fokus auf die gesellschaftliche Komplikation zwischen Geschlechtsidentität, biologischem Geschlecht und sexueller Orientierung und die gesellschaftliche Konstruktion von Geschlecht, zeigt die Gewichtung der Thematik. Die sich zum Ende des Kapitels anschließende Zusammenfassung gewichtet die biologischen und persönlichen Aspekte von Sexualität gleichermaßen. Im Kompetenzcheck können Lernende kontrollieren, was sie erlernt haben. Dabei sollen Kinder und Jugendliche zuerst „verschiedene Einflüsse auf das sexuelle Verhalten sowie die Vielfalt in Liebe, Sexualität und Geschlecht benennen“ [171] können. Weiterhin sollen sie „Fachwörter im richtigen Zusammen-

---

[171] Joußen: Biologie Heute 2. S. 285.

hang verwenden", dazu gehören „biologisches/psychisches Geschlecht, sexuelle Orientierung, heterosexuell, homosexuell [und] transsexuell".[172] Abschließend sollen sie „Argumente nach individuellen Wertvorstellungen gewichten und so zu einer Entscheidung gelangen".[173] Hier erfolgt eine Wertlegung auf Kompetenzen, welche Kinder und Jugendliche zum Mitglied einer offenen, vielseitigen Gesellschaft machen können. Vielfältigkeit und damit die Behandlung von Trans* und Inter* ziehen sich als roter Faden durch die Kapitel und reduzieren sich nicht auf eine alleinige, kurz gehaltene Benennung dieser. Die Aufgaben implizieren eine starke Auseinandersetzung, welche durchaus gesellschaftskritische Kompetenzen evoziert.

Aus den Texten geht hervor, dass Menschen welche trans*- oder inter*sexuell sind, nicht gleichermaßen wie heterosexuelle Menschen, welche sich aus gesellschaftlicher Sicht einem eindeutigen Geschlecht zuordnen lassen, behandelt werden. Jedoch liegt der Fokus nicht darauf, wodurch die Thematik negativ besetzt würde, weder noch wird sie durch die Texte als Abweichung inszeniert. Grundlegend steht das Sein der Menschen im Fokus, welches frei wählbar ist. Das Lehrbuch bietet eine äußerst aussichtsreiche Sexualerziehung für den Biologieunterricht. In einigen Punkten ist jedoch auch dieses Buch noch ausbaufähig um als vollständig queer eingestellt gelten zu können. Darauf wird in folgendem Kapitel eingegangen.

In der Gegenüberstellung befinden sich zwei Lehrbücher, welche im selben Jahr erschienen sind. Untersucht wurden die Lehrbücher *Linder Biologie 2* und *Natura Biologie 2*. Bei letzterem steht das Kapitel *Sexuelle Orientierung und Identität* sehr weit vorne in dem Abschnitt der Sexualerziehung. Bei ersterem wird das Kapitel mit selbigem Inhalt *Formen der Sexualität* genannt und steht an hinterster Stelle, was eine mindere Gewichtung dessen zugrunde legt. Der Großteil der Sexualerziehung der Lehrbücher behandelt die immer wieder kehrenden Themen, wie der Entwicklung zum Mann* oder zur Frau*, Schwangerschaft, Geburt, Menstruation, Sexualität und Partnerschaft zwischen Mann* und Frau* und der Verhütung, gewidmet.[174] So wird das Thema Sexualität im Lindner durch die Recherche des Mann- und Frau-Schemas eingeleitet, was eine binäre Geschlechteraufteilung zugrunde legt.[175] Selbiges passiert wenn als Einstieg der Körper eines Mannes* und einer Frau* schematisch gegenübergestellt werden.[176] Die Typizität der Geschlechter wird insofern infrage gestellt, dass Verhaltensweisen, typische Berufe und Aussehen und Aufgaben, welche den Geschlechtern von der Gesellschaft zugeschrieben werden, kritisiert werden. An der alleinigen Existenz von Mann* und Frau* besteht kein Zweifel.[177] Den Kindern wird erklärt:

[172] Ebd.
[173] Ebd.
[174] Vgl. Konopka: Lindner Biologie 2. Nordrhein-Westfalen. S. 200-225 / Rhiem: Natura Biologie 2. S. 190- 225.
[175] Vgl. Konopka: Lindner Biologie 2. S. 200.
[176] Siehe Anhang Nr. (7).
[177] Vgl. Konopka: Lindner Biologie 2. S. 210f.

> Wer sich so verhält, wie es die Gesellschaft von seinem Geschlecht erwartet, wird anerkannt und gelobt. So lernen Kinder schon in früher Kindheit, wie sie sich verhalten sollten, und dass Abweichungen nur Schwierigkeiten bringen.[178]

Der alleinige Einsatz des Terminus *Abweichung,* reproduziert eine Fuge zwischen verschiedenen Individuen. Dabei handelt es sich bloß um Verhaltensweisen, welche gesellschaftlich nicht genderkonform sind. Erfolgt keine explizite Auseinandersetzung mit obiger Aussage, wird den Lernenden die Erweiterung ihres Blickwinkels, welcher aufbauend eine Auseinandersetzung mit biologischem Geschlecht und Geschlechtsidentität beinhalten könnte, verwehrt. So sollen Kinder nach der Textbearbeitung eine Umfrage durchführen, in welcher nach „Unterschiede[n] [...], was Frauen bzw. Männer von sich preisgeben“ [179] gesucht wird. Dabei soll untersucht werden, „ob es Unterschiede beziehungsweise Gemeinsamkeiten zwischen den Geschlechtern gibt“.[180] Kinder und Jugendliche in der Sekundarstufe I sind stetig auf der Suche nach Bestätigung und Anerkennung in ihrer Peer Group. Bei einer geschlechtsspezifischen Untersuchung wird ein Kind selten seine Eigenschaften benennen, welche durch die Gesellschaft, seinen Freundschaftskreis und vor allem den Kindern, welche seinem ihm zugeordneten Geschlecht entsprechen, kritisiert und als nicht konform angesehen werden könnten. So scheitert eine hinterfragende, weltoffene Erziehung und es scheint weniger möglich in den Kindern und Jugendlichen durch benannte Aufgaben ein queeres Weltverständnis aufwecken zu können.

Metakognitive Einschränkung geschieht gleichermaßen durch eine heteronormative Fundierung der Sexualerziehung in den Lehrbüchern. Als Einleitung für eine verwirrende Gefühlswelt wird im Lindner die Trennung von Timo und Miriam genutzt.[181] Auch in der Bebilderung drückt sich ein heteronormatives Verständnis von Sexualität aus. So befinden sich im Lindner, über vier Seiten verteilt ausnahmslos Bilder von heterosexuellen Pärchen.[182] Im Natura werden zwei homosexuelle und ein heterosexuelles Pärchen abgebildet.[183] Dabei ist das Bild des heterosexuellen Pärchen doppelt so groß wie die beiden anderen und thront über diesen, wodurch, wie bereits vorgekommen, eine Hierarchie konstatiert werden kann. Diese unterbewusste Einflussnahme geschieht auch in dem Versuch, die Diskriminierung von Minderheiten und eine Erklärung für gesellschaftliche Konstruktionen in die Lehrtexte miteinzubeziehen.

> Erst in den letzten Jahrzehnten entwickelte sich in großen Teilen der Gesellschaft eine zunehmende Toleranz für unterschiedliche Lebensentwürfe, beispielsweise gleichgeschlechtlichen Partnerschaften gegenüber.[184]

---

178 Ebd.
179 Ebd. S. 212.
180 Ebd. S. 213.
181 Ebd. S. 202.
182 Siehe Anhang Nr. (8), (9), (10) und (11).
183 Siehe Anhang Nr. (12).
184 Konopka: Lindner Biologie 2. S. 203.

Die Essenz der Aussage ist, dass die Gesellschaft einen Zustand als Ziel anstrebt, in der alle Mitglieder der Gesellschaft verschiedenen Lebensentwürfen mit Toleranz begegnen, was fehlerhaft ist, da das Ziel nicht ist, Außenstehende zu tolerieren, insofern sie außenstehen, sondern sie miteinzubeziehen, sodass es keine Außenseiter gibt, welche keine wirkliche Teilhabe an der Gesellschaft haben, da sie in dieser einzig als passives Mitglied toleriert werden. Ein weiterer Fehlschuss ist auch in folgendem Erklärungsansatz enthalten:

> Heterosexualität wird als ‚normal' empfunden, weil diese Form der Sexualität besonders häufig ist und weil in solchen Beziehungen die Möglichkeit besteht, sich fortzupflanzen.[185]

Lernende besitzen in der Pubertät oftmals keine ausgereiften Fähigkeiten der Reflexion, was sich mit einer Aufmerksamkeitsspanne, welche in der Jugend sehr variabel sein kann, summiert. Es ist möglich, dass die Aussage nur in ihren Teilen wahrgenommen würde und somit Heterosexualität als Norm konstituiert würde. Des Weiteren wird Heterosexualität mit dem Begriff *normal* besetzt. Es handelt sich offenbar um eine Erklärung gesellschaftlicher Normkonstruktion, welche jedoch nicht kritisch hinterfragt wird, sondern vielmehr durch die Tatsache, dass ein Großteil der Gesellschaft dieser Norm angehört, verstärkt wird. Durch die alleinige Verwendung des Terminus wird ein Bewusstsein der Lernenden für Norm und Abweichung evoziert, was eine vorurteilsfreie Auseinandersetzung mit Identitäten und Lebenswelten, welche der heterosexuellen ‚Norm' nicht entsprechen, verhindert.

In Bezug auf Homo- und Bisexualität werden Lernende durch den Ausdruck des Mitgefühls dazu angeregt, ihre Sichtweise und Einstellung dazu zu reflektieren und sortieren.[186] Dem voraus geht der Zuspruch, dass man in „unserer Gesellschaft [...] offen über Sexualität reden"[187] könne. Kinder und Jugendliche werden dazu ermutigt, dies auch zu tun. Sie sollen sich angstfrei im Unterricht bewegen, wobei kein Thema unangenehm sein soll. Jedoch wird in den Lehrbüchern selbst kein offener Umgang mit verschiedenen Aspekten der Sexualität dargestellt. Dies macht sich zuerst durch die Einordnung besonderer Themen in ein eigenes Kapitel, in der Mikroebene in einen eigenen Abschnitt bemerkbar.

> Von Intersexualität spricht man, wenn man einen Menschen nicht eindeutig einem Geschlecht zuordnen kann. Die Ursachen dafür können genetisch bedingt sein oder auf Störungen zurückgehen. Transsexuelle Menschen lassen sich eindeutig einem Geschlecht zuordnen. Sie haben aber selbst das Empfinden zum jeweils anderen Geschlecht zu gehören. Welche Rolle genetische Anlagen und die vorgeburtliche Entwicklung bei der Entstehung sexueller Neigungen und Besonderheiten genau spielen, wird noch erforscht.[188]

Es handelt sich um eine reine Definition von Trans*- und Inter*sexualität, bei welcher keine aktuellen bestehenden Probleme, wie der Diskriminierungsaspekt, aufgegriffen werden. Auch in der Zusammenfassung und den Aufgaben erfolgt keine Form der Wiederholung, geschweige denn einer kritischen Reflexion der Sachverhalte. Hinzu kommt, dass eine Stö-

---

185 Ebd. S. 214.
186 Vgl. Ebd.
187 Ebd.
188 Ebd. S. 215.

rung als Ursache benannt wird. Der Begriff ist negativ besetzt, da es sich hier um einen Vorgang handelt, der einen statischen Zustand in einen nicht mehr funktionstüchtigen Zustand versetzt. Den Lernenden werden Trans*- und Inter*sexualität als Abweichungen eines Körperzustands bewusst gemacht, welcher als Norm vorausgesetzt wird. Es erfolgt keine Erinnerung daran, dass mit Trans*- und Inter*menschen offen umgegangen werden soll. Durch die fehlende Personalisierung der Themen wird kein zwischenmenschlicher Bezug geschaffen. Mangelnde Reflexion macht den Menschen zu einem persönlichkeitslosen Objekt, wessen es keiner tieferen Auseinandersetzung mit bedarf. Die indirekte Diskriminierung summiert sich, indem das Lehrbuch ein falsches Verständnis von Liebe reproduziert. In einer Skizzierung namens *Liebe ist vielfältig,* sind verschieden Arten sexueller Orientierung zu sehen, wie Homo-, Bi und Heterosexualität. Des Weiteren sind Polygamie und Liebe im Alter dargestellt.[189] Darunter befindet sich eine weitere Skizzierung eines Transvestiten. Lernende nehmen Transvestitismus als sexuelle Orientierung oder Vorliebe wahr.[190] Dieser wird dabei als Form von Liebe klassifiziert, wobei es sich um einen Ausdruck der eigenen Persönlichkeit handelt, welcher in keinem direkten Zusammenhang zu sexuellen Vorlieben oder der sexuellen Orientierung steht. Das vermittelte Wissen ist verfälscht und unsortiert. Kinder und Jugendliche haben keine Möglichkeit, das Wissen in ihr Weltbild einzuordnen und jenes zu reflektieren. Folglich kann es passieren, dass dieses nicht einmal in das Langzeitgedächtnis eingeprägt wird, da keinerlei Bezugspunkte zwischen Trans*- und Inter*sexuellen und den Lernenden geschaffen werden.

Im *Natura* Lehrbuch wird zu Beginn daran erinnert: „Kein Mensch kann sich seine sexuelle Identität aussuchen.“[191] Die Aussage wirkt vielversprechend, da sie jegliche Art von Menschen impliziert und nicht zwischen Geschlechtern unterscheidet. Des Weiteren befürwortet sie, dass die Identität der Menschen grundlegend ist und nicht auf bestimmte Faktoren begrenzbar ist. Der Terminus *sexuelle Identität* wird im weiteren Verlauf nicht weiter differenziert, was dazu führt, dass Lernende seine vielseitige Bedeutung nicht kennen lernen und ihn nicht sinnvoll in ihrem Wissen verankern können. Widersprüchlich zu dieser Aussage findet eine Hierarchisierung bei der Nennung einiger Arten, wie sich Vielfalt ausprägen kann, statt. So ist der Text in fünf Abschnitte eingeteilt, beginnend mit der Erklärung von Heterosexualität, die „[a]|kzeptierteste Form der sexuellen Orientierung“.[192] Sie wird gleichgesetzt mit anderen Orientierungen, da auch sie akzeptiert werden muss. Jedoch wird hier durch Akzeptanz wiederholt ein Raum geschaffen, in dem Ausschluss und Ausgrenzung möglich sind. Weiterhin wird eine offensichtliche Abstufung hin zu der am wenigsten ‚akzeptiertesten‘ Form, wie Menschen sind, offengelegt.

[189] Siehe Anhang Nr. (13).

[190] Gleichermaßen falsche Darstellungen und Definition decken Beate Martin und Jörg Nitschke in ihrem Buch auf. Dabei handelt es sich um eine fehlerhafte Definition von Trans*sexualität. Borger, Fred, Schubarth, Wilfried (Hrsg.): Sexuelle Bildung in der Schule, S. 140.

[191] Rhiem: Natura Biologie 2, S. 102.

[192] Ebd.

Die beiden letzten Abschnitte behandeln Trans*sexualität und Inter*sexualität. Sie stehen in der Hierarchie an letzter Stelle und sind dadurch prädestiniert, unbedeutend und ‚weniger akzeptiert' zu sein.

> Transsexuelle Menschen können sich nicht mit ihrem angeborenen Geschlecht identifizieren. Jungen fühlen sich wie Mädchen und Mädchen wie Jungen. Meistens versuchen sie, sich optisch dem gewünschten Geschlecht anzupassen. Häufig haben transsexuelle Menschen den Wunsch, ihren Körper medizinisch bzw. operativ verändern zu lassen, um auch optisch das Geschlecht zu haben, zu dem sie sich zugehörig fühlen.[193]

Indes wird hier etwas expliziter auf das Empfinden trans*sexueller Menschen eingegangen, jedoch ist die Definition missverständlich. So erfolgt keine Trennung von biologischem und psychischem Geschlecht. Der erste Satz impliziert, dass es Pflicht sei, sich mit seinem biologischen Geschlecht auch psychisch zu identifizieren. Etwas nicht zu können impliziert eine defizitäre Persönlichkeit, was zum Ausschluss dieser Menschen führt. Realitätsfern ist die Definition weiterhin dadurch, dass bloß der Wunsch nach einer körperlichen Anpassung an das gefühlte Geschlecht geäußert wird. Dass Geschlechtsumwandlungen Realität sind und häufig durchgeführt werden, wird ausgelassen. Kinder können, wenn sie nicht direkt von dem Thema betroffen sind, keinen realen Bezug zu ihrer Welt herstellen. Diese Definition, wie auch die folgende, bietet keine ausführliche Grundlage zur weiteren Auseinandersetzung.

> Immer wieder werden Kinder geboren, die sich nicht eindeutig einem Geschlecht zuordnen lassen. Mediziner sprechen hier von Intersexualität. Bekannt sind ca. 100 verschiedene Formen von Intersexualität. So werden z.B. Mädchen geboren, deren Körper das männliche Geschlechtshormon Testosteron in großen Mengen bildet. Andere Kinder werden mit Hoden und Eierstöcken geboren. Die Mehrzahl der intersexuellen Menschen ist nicht behandlungsbedürftig.[194]

Hier wird eine klare Verneinung vielfältiger Identitäten statuiert. Denn diese 100 verschiedenen Formen werden alle als Variation einer Matrix erklärt, welche die zwei Maxima männlich* und weiblich* enthält. Inter*sexuelle werden als Abweichung eingeordnet. Dies wird vor allem durch die Aussage über eine Behandlungsbedürftigkeit unterstützt. Inter*sexualität wird, wie eine Krankheit, in ein Schema eingeordnet, welche man, je nach Ausprägungs- und Beeinträchtigungsgrad, behandeln muss. Hier besteht keine Annäherung dazu, Inter*sexualität als einen Aspekt anzusehen, welcher die Persönlichkeit ausmacht. Es handelt sich um keine Beeinträchtigung, welche gesundheitsgefährdend oder lebensbedrohlich sein kann. Demnach liegt eine diskriminierende Definition vor. In den Aufgaben wird zu keiner tiefgründigen Auseinandersetzung mit gelernten Begriffen angeregt. So sollen die Kinder und Jugendlichen lediglich „den Unterschied zwischen Intersexualität und Transsexualität"[195] erklären. In der Zusammenfassung und Wissensabfrage findet sexuelle Vielfalt keinerlei Beachtung. Positiv zu vermerken ist, dass der Christopher-Street-Day erwähnt wird.[196] Vielversprechend ist auch, dass Inter*sexualität sowohl als auch Trans*sexualität in einem allgemeinen Glossar

---

[193] Ebd. S. 193.
[194] Ebd.
[195] Ebd.
[196] Vgl. Ebd.

über Sexualität auftauchen.[197] Das zeigt ein Bewusstsein der Autoren dafür, dass Sexualität facettenreich ist. Dem Bewusstsein mangelt es grundlegend jedoch an Verständnis, Sensibilität und Umsetzungsvermögen, wodurch das Lehrbuch starke Defizite aufzeigt.

Auf sprachlicher Ebene fällt in beiden Lehrbüchern ein erhebliches Manko auf. So werden durch Formulierungen wie „Seinem Partner, [...] den Partner, [...], den Anderen"[198] oder „Mitschülern und Lehrern"[199], bezüglich des Genus, die weibliche Form verleugnet. Die Ignoranz gegenüber einer gendergerechten Sprache schließt eine queere Grundhaltung der Autoren* und Autorinnen* aus. Zwar gibt es nicht für alle Persönlichkeiten eine grammatisch korrekte Bezeichnung, jedoch sollten insofern alle möglichen grammatischen Formen Berücksichtigung finden, um eine Grundhaltung zu demonstrieren, welche jeden Menschen als Individuum gleichberechtigt. In Biologie Heute werden Ausdrucksformen und Phrasen wie „viele Menschen, [...], [v]erliebte, [...], den anderen Menschen, [...], [d]ie andere Person"[200] benutzt. Die sprachlichen Äußerungen sind durch ihr Genus nicht vorweg auf ein Geschlecht begrenzt. Sie lassen einen Interpretationsspielraum zu und ermöglichen eine Berücksichtigung aller Teilnehmer der Gesellschaft ferner binärer Geschlechtergrenzen.

In den untersuchten Lehrbüchern herrschen fortwährend binäre, heteronormative Geschlechterverhältnisse. Vor allem findet die Diskriminierung von Trans*gendern und Inter*sexuellen indirekt, durch ein Missverständnis von Geschlecht statt. Demnach

> betrifft Geschlecht viel mehr als nur die Machtverhältnisse zwischen Frauen und Männern oder die Darstellung von Frauen und Männern. Ein Verständnis von Geschlecht als sozialer Konstruktion beinhaltet, dass die binäre Einteilung von Menschen in weiblich und männlich gesellschaftlich gemacht ist.[201]

Dabei passiert indirekte Diskriminierung vor allem durch die Statuierung von Zweigeschlechtlichkeit. Es ist irrelevant, ob es sich um persönliche Aspekte wie zum Beispiel Partnerschaft oder Pubertät handelt oder um biologische Informationen wie den Aufbau von Geschlechtsorganen, die Reifung oder den Ablauf des Menstruationszyklus. Selbiges fand Bittner bereits in ihrer Analyse raus und es hat diesbezüglich keine Anpassung oder Weiterentwicklung gegeben.

> Das Thema der Entwicklung von Menschen und auch der Sexualorgane wird entlang unhinterfragter Kategorien von Männlichkeit oder Weiblichkeit präsentiert. Geschlechtliche Identität ist ebenso selbstverständlich immer eindeutig männlich oder weiblich und kongruent mit allen wiederum in sich kongruenten Entwicklungen.[202]

Die soziale Konstruktion von Geschlecht wird insofern thematisiert, dass die Stereotypisierung von Männlichkeit* und Weiblichkeit* kritisiert wird. Dabei wird jedoch die allgemeine Binarität des Geschlechtes nicht infrage gestellt. Bloß ein Lehrbuch thematisiert die Unterscheidung zwischen biologischem und sozialem Geschlecht. Dabei wird durch Text und Auf-

---

[197] Ebd. S. 196f.
[198] Konopka: Lindner Biologie 2. S. 202f.
[199] Rhiem: Natura Biologie 2. S. 190f.
[200] Joußen: Biologie Heute 2. S. 262.
[201] Gewerkschaft Erziehung und Wissenschaft (Hg.): Geschlechterkonstruktionen und die Darstellung von Lesben, Schwulen, Bisexuellen, Trans* und Inter* (LSBTI) in Schulbüchern. S. 77.
[202] Ebd. S. 78.

gaben eine ausführliche Auseinandersetzung mit Trans*- und Inter*sexualität vorgenommen. Kinder und Jugendliche werden bezüglich der Fachtermini, der Unterscheidung von biologischem Geschlecht, Geschlechtsidentität und vor allem der sexuellen Orientierung besonders geschult. Sie lernen, dass biologisches Geschlecht und die Geschlechtsidentität nicht kongruent sein müssen und jeder Mensch selbstbestimmt ist. Jedoch sind laut Lehrbuch, psychisches und biologisches Geschlecht bloß eine Kombination von männlichen* und weiblichen* Merkmalen und somit binär organisiert. In dem Buch zeigt sich ein eindeutiger Entwicklungsfortschritt, während in den gegenübergestellten Lehrbüchern eine reine Begriffsnennung stattfindet, bei der Inter*- und Trans*sexualität keine Bezugnahme zum Menschsein finden und auf die Gefühlswelt dieser Individuen keine Rücksicht genommen wird. Diese Erkenntnis zeugt von minderer Weiterentwicklung, da Bittner 2011 bereits erkannt hat, dass über „den Umgang mit Intersexualität innerhalb der gesellschaftlichen Norm [...] kein Wort verloren“[203] wird. Gleichermaßen verhält es sich auch mit Trans*sexualität. Lernende erfahren nichts über „deren Diskriminierungs- und Gewalterfahrungen“[204], wodurch eine Kontextsetzung in einen gesellschaftlichen oder persönlichen Rahmen nicht stattfindet. Distanz wird kreiert, indem die Gefühlswelt von Trans*- und Inter*menschen ignoriert wird. Hopf erkennt dies als Hauptgrund für eine misslungene Sexualerziehung.

> Das verabreichte Wissen erreicht die Kinder und Jugendlichen nicht. Die Schülerinnen und Schüler erhalten Informationen, ohne diese selbst zu ihren eignen Erfahrungen, ihrem eigenen Fühlen und Denken in Beziehung setzten zu können.[205]

> Die Ergebnisse zeigen außerdem, dass die Genderforschung und ihre Theorie von Geschlecht als sozialer Konstruktion völlig ignoriert werden.[206]

Bezüglich dessen, hat es ebenfalls keine Veränderung gegeben. Zwar wird dem Menschen mehr Freiheit durch die Trennung von biologischem und psychischem Geschlecht zugesprochen, jedoch findet hier, trotz des offenen Ansatzes eine Diskriminierung derer statt, die sich, wie Trans*gender, keineswegs in das binäre Konstrukt von Mann* und Frau* einordnen wollen. Die Lehrbücher bewegen sich außerhalb einer Weltansicht, welche mehrere Geschlechter anerkenne würde oder das Konzept Geschlecht dekonstruieren würden. Daher sind die Lehrbücher vor allem in der Themenbehandlung von Trans*gender sehr mangelhaft und rückständig. Eine Entwicklung über binäre Geschlechtergrenzen hinaus wäre zeitkonform, was nicht bedeutet, dass Kinder und Jugendliche nicht über biologische Fakten von Geschlecht und Sexualität aufgeklärt werden sollten. Wichtig ist es Lehrbücher so zu gestalten, dass sie einen Raum eröffnen, in dem jedes Individuum Platz findet, ohne dabei die Wissensvermittlung einzuschränken. Es geht nicht um eine strikte Erziehung hin zu einer queeren Grundeinstellung, sondern um eine unterbewusste Erziehung hin zu einer offenen Welteinstellung.

---

[203] Ebd.
[204] Ebd.
[205] Jürgens: Sexualerziehung. Unterrichtsprinzip in allen Fächern. S. 19.
[206] Lesben, Schwulen, Bisexuellen, Trans* und Inter* (LSBTI) in Schulbüchern. S. 78.

5.3) Lösungsansätze

Es existieren aktuell bereits einige methodische Beiträge, wie man LGBTIQ* im Unterricht behandeln kann. Dabei handelt es sich um ausgereifte Methoden, in denen Kinder und Jugendliche, wie zum Beispiel durch Rollenspiele und durch die Hineinversetzung in LGBTIQ*menschen einen persönlichen Bezug zu ihnen herstellen und Diskriminierung, Heteronormativität und Binarität hinterfragen können. Dabei werden Trans*gender berücksichtigt und durch verschiedene Methoden sollen Kinder und Jugendliche die Binarität des Geschlechtes in Frage stellen.[207][208] Schälicke schlägt einen 6-Punkte Plan vor indem die obersten Prämissen für queere Schulen das Vorhandensein einer Ansprechperson, Intervention, Sichtbarkeit, Partizipation und Empowerment, umfassende Sexualerziehung und externe Unterstützung sind.[209] Externe Unterstützung bieten Vereine wie ABqueer, welche in Schulen kommen und Kinder und Jugendliche aufklären, zum Beispiel durch den Besuch und das Gespräch von LGBTIQ*menschen.[210] Menschen, welche sich wissenschaftlich und methodisch mit LGBTIQ* auseinandersetzten, tuen dies aus freien Stücken und sind grundlegend queer eingestellt. Ein Großteil jedoch, ist dies nicht und richtet sich nach defizitären Kernlehrplänen und Richtlinien zur Sexualerziehung, wodurch „das Thema aus der eigenen pädagogischen Praxis ausgelagert wird."[211]

> Zentral für *queere* Bildungsarbeit erscheint [...] eine bestimmte Grundhaltung, das Mitdenken *queerer* Prämissen in jeder pädagogischen Situation. Diese Haltung ist die Grundvoraussetzung dafür, um die heteronormativen oder *queeren* Aspekte einer Methode überhaupt zu erkennen und entsprechend anwenden zu können.[212]

Als Grundvoraussetzung muss diese auch im untersuchten Lehrplan, den Richtlinien und in Schulbüchern Geltung finden. Dies kann gewährleisten, dass „[s]exuelle Orientierung, Geschlechtsidentität, Familie und verschiedene Lebensweisen [...] von Beginn an selbstverständlich in jedem Fach thematisiert werden."[213] Recla und Schmitz erkennen die defizitären Unterrichtsgrundlagen ebenfalls und betonen deswegen eine „diversitysensible Grundhaltung"[214], damit Lehrpersonen defizitäres Unterrichtsmaterial erkennen können und somit trotz dessen eine Chance haben den Unterricht queer, zum Beispiel durch eine Schulbuchkritik, zu gestalten.

---

[207] Vgl. Berger: Sexuelle Bildung in der Schule. S. 118-124 u. 148-150.
[208] Vgl. Timmermanns: Umgang mit Vielfalt in Erziehung und Beratung. S. 186-193.
[209] Kempe-Schälicke, Conny Hendrik: Erste-Hilfe-Maßnahmen am Unfallort Schule. Lesbische, schwule, bisexuelle, trans* und inter* (LSBTI) Lebensweisen sichtbar machen. In: Selbstbestimmung und Anerkennung sexueller und geschlechtlicher Vielfalt. Lebenswirklichkeiten, Forschungsergebnisse und Bildungsbausteine. Hrsg. Von Friederike Schmidt, Anne-Christin Schondelmayer und Ute B. Schröder. Wiesbaden 2015. S. 241-246. S. 244f.
[210] Recla: Konstruktiv Dekonstruktiv. S. 275.
[211] Schmidt, Friederike / Schondelmayer, Anne-Christin: Sexuelle und geschlechtliche Vielfalt – (k)ein pädagogisches Thema? Pädagogische Perspektiven und Erfahrungen mit LSBTI. In: Selbstbestimmung und Anerkennung sexueller und geschlechtlicher Vielfalt. Lebenswirklicghkeiten, Forschungsergebnisse und Bildungsbausteine. Hrsg. Von Friederike Schmidt, Anne-Christin Schondelmayer und Ute B. Schröder. Wiesbaden 2015. S. 238.
[212] Recla: Konstruktiv Dekonstruktiv. S. 285.
[213] Kempe-Schälicke: Erste-Hilfe-Maßnahmen am Unfallort Schule. S. 245.
[214] Recla: Konstruktiv Dekonstruktiv. S. 285.

Um eine queere Grundhaltung im Lehrplan, den Richtlinien sowie den Lehrbüchern zu schaffen, reicht es nicht, sexuelle Vielfalt und LGBTIQ* einmal zu benennen. Es gilt, sich von heteronormativen zweigeschlechtlichen Grenzen loszulösen und diese zu überschreiten. Dies kann ganz grundlegend, durch einen gewählten Ausdruck geschehen. Überwiegend ist die Benennung von Personen durch ihre weibliche* und männliche* Form. Eine neutrale Benennung, wodurch ein unendlicher Interpretationsraum und eine unendliche Miteinbeziehung aller Individuen zugelassen würde, wäre effizienter. Im schulischen Kontext bieten sich hier Begriffe wie *die Lehrperson, die Lehrkraft, der Coach, Lehrende, das Fachpersonal, die pädagogische Fachkraft, die jungen Leute, Heranwachsende, Kinder- und Jugendliche, Lernende, die Schulkinder, die Klasse* oder auch *die Beschulten* an. Dadurch würde eine unterbewusste Schulung des Menschen stattfinden, indem durch diese Begriffe, der Kontext in welchem sie vorkommen, mit einer allgemeinen Menschengruppe in Zusammenhang gebracht würde, anstatt zwei binäre, typische Personen in seiner Vorstellungskraft zu reproduzieren.

Weiterhin kann unterbewusste Bewusstmachung durch eine erweiterte Begriffspräsenz bezüglich LGBTIQ* stattfinden. Queerheit soll zwar nicht auf Benennung basieren, jedoch ist es in dem Stadium, in welchem sich die Gesellschaft aktuell befindet, besonders wichtig, dass sich das Lehrpersonal mit der Fachsprache auskennt, um einwandfrei mit diesen Begriffen im schulischen Alltag arbeiten zu können. Begriffe wie *LGBTIQ*, Trans*mann, Trans*frau, Trans*gender, Trans*sexualität, Inter*sexualität, Trans*identität, Trans* - und Inter*menschen* sind bezüglich des Wissens über Trans*- und Inter*personen essentialistisch. Um mit den Termini gehaltvoll umgehen zu können, ist ein ausgeprägtes Wissen über Gender Studies und Queer Theory wichtig, was impliziert, sich der Tatsache bewusst zu sein, dass Geschlecht sozial konstruiert wird und biologisches Geschlecht, Geschlechtsidentität und sexuelle Orientierung entkoppelt voneinander zu betrachten sind.

Gleiches gilt sowohl für den Kernlehrplan und die Richtlinien, als auch für die Lehrbücher. In Biologie gestaltet sich eine queere Gestaltung besonders schwierig, da biologisches Fachwissen auch die Unterscheidung zwischen männlichen* und weiblichen Geschlechtsorganen und Wissen über die Vorgänge dieser und der ihr zugehörigen Körperentwicklung beinhaltet. Die Kenntnis darüber ist fundamental, zumal sie den Großteil der Gesellschaft betrifft und ist demnach nicht wegzudenken. Jedoch kann in Lehrbüchern ebenfalls durch einen durchgängig neutralen Sprachstil Gleichberechtigung für alle Individuen geschaffen werden, vor allem in den Kapiteln, welche die Gefühlswelt und pubertären Entwicklungen sowie auch die Entstehung von Partnerschaft und Liebe behandeln.

Es ist ein vielversprechender Ansatz, Sexualerziehung in Lehrbüchern mit den Kapiteln zu beginnen, welche die unsachliche, subjektive Lebenswelt der Lernenden beschreibt. Es ist in jeder Hinsicht möglich, Gefühle von einem neutralen Standpunkt aus zu beschreiben. Dabei soll die Benennung von Inter*-und Trans*menschen nicht unterlassen werden. Vielmehr gilt es, LGBTIQ*-Themen in den regulären Kontext einzubauen, ohne dabei eine Hierarchisierung oder ein starkes Ungleichgewicht der Themenbehandlung hervorzubringen. So könnte man zum Beispiel ein heterosexuelles Pärchen abbilden, auf dem ein Trans*mann und eine Frau* zu sehen sind, oder ein homosexuelles Pärchen, was eine Trans*frau und eine Frau* abbildet. Es gestaltet sich schwierig, da solche Abbildungen Gefahr laufen, Vorurteile zu reproduzieren, wenn die Trans*person in ihren Äußerlichkeiten stereotypisch dargestellt ist. Es würde sich anbieten, eine Person auszuwählen, welche womöglich noch nicht komplett an ihr Wunschgeschlecht angepasst ist, welcher man ihre Geschlechtsidentität womöglich nicht ansieht. Man könnte Kinder und Jugendliche befragen, was sie bei Betrachtung der Abbildung des Pärchens denken. Folglich könnte man persönliche Dinge über das Pärchen erzählen und die Frage wiederholen. Zuletzt könnte man Lernende aufklären, dass ein Teil des Pärchens ein Trans*gender ist und die Frage noch einmal wiederholen. Falls sich die Meinung der Kinder und Jugendlichen über das Pärchen mit diesem Wissen ändert, könnte sich zum Einstieg bereits eine Diskussion ergeben, welche die Kinder und Jugendlichen für die weitere Bearbeitung des Kapitels für Vielfalt sensibilisiert.

In den Lehrbüchern sollten Definitionen gleichberechtigt werden, was sich bereits durchgesetzt hat, wie man an dem Vorhandensein der Definitionen von Heterosexualität in Lehrbüchern erkennen kann. Dabei sollten binäre Geschlechtergrenzen dekonstruiert werden. Nicht nur gesellschaftlich erzwungene männliche* und weibliche* Verhaltensweisen sollten hinterfragt werden, sondern die Binarität des Geschlechtes sollte nicht als Grundvoraussetzung gelten. Dafür ist es erforderlich, dass in sexualerzieherischen Aufgabenstellungen nicht nach Unterschieden und Gemeinsamkeiten zwischen Mann* und Frau* gesucht wird, sondern nach Unterschieden und Gemeinsamkeiten von allen Menschen. So wird Lernenden suggeriert, dass jeder verschieden ist auf seine Art und Weise, jedoch auch jeder das Recht hat, sich mit jemandem verbunden zu fühlen, wie man es durch Gemeinsamkeiten tut. Dabei soll allen mit Respekt entgegengekommen werden. So ist Arbeit in geschlechtshomogenen Gruppen ungünstig. Eine Einteilung in Themengebiete nach Interesse, aufbauend auf der Findung von Gemeinsamkeiten, bietet sich hier an. Interessieren sich also ein Trans*junge, ein Junge*, ein Mädchen*, ein Inter*sexuelles oder Trans*individuum für den Ablauf der Menstruation, sollte diese Gruppe das Thema auch gemeinsam bearbeiten, um sich durch ihre Interessen verbunden zu fühlen. Kritiker würden dem abraten, aufgrund der Schamgrenzen der Jugendlichen. Jedoch können diese bereits früh überwunden werden.[215] Kinder sind vorurteilsfrei und können Informationen unvoreingenommen aufnehmen und in ihr Lebenskonzept einsortieren. Demnach sollte es für den Umgang mit LGBTIQ* keine Altersgrenze geben. Kinder sind in der Lage, Menschen welche durch körperliche Behinderung

[215] Im Falle dessen, dass Schamgrenzen trotzdem existieren, bietet sich eine Einzelarbeit als Ausweichmethode an, was die Diskriminierung verschiedener Individuen umgehen würde.

oder Krankheiten, wie zum Beispiel Demenz, eingeschränkt sind, als vollwertiges Gesellschaftsmitglied anzusehen und dieses vorurteilsfrei zu behandeln. Demnach sind Zweifel unbegründet, dass Kinder kein Verständnis für die Existenz gesunder Menschen, welche körperlich und in ihrer Identität variabel sind, aufbringen können. Dabei ist, wenn sich die Einrichtung Schule komplett queer einstellt, vor allem in niedrigeren Klassen keine gesellschaftskritische oder ethische Grundsatzdiskussion nötig, um das Bewusstsein für LGTBIQ* zu schärfen. Sind Kinder alltäglich von queeren Unterrichtsinhalten umgeben, kommt es, vor allem vor der Pubertät, nicht zur Infragestellung der damit verbundenen Inhalte. Sie können unterbewusst internalisiert werden und das Entstehen von Schamgrenzen könnte umgangen werden. Jedoch ist die Schule nicht der einzige Einflussträger auf die Kindesentwicklung.

Diese Voraussetzungen ermöglichen eine „einfache Konzeption von Bildungszielen wie Selbstbestimmung und Antidiskriminierung".[216] Wobei letzteres zu den „wichtigsten pädagogischen Leitlinien"[217] gehören muss. Dabei muss und kann durch einen flexibel einsetzbaren Sprachgebrauch und Formulierungen, welche die Miteinbeziehung aller möglich existenten Subjekte gewähren gesichert werden, dass die Richtlinien und der Kernlehrplan, auf welchen der Unterricht basiert und aus welchen dieser hervorgeht, sowie auch Lehrbücher bei der Anpassung an eine queere Gesellschaft, keine erneute Schrankeneinweisung betätigen. Denn es gilt:

> Ein besonderes Potential von *queer* liegt dabei darin, sich von Beginn an als prozesshaft, als wiederkehrende Suchbewegung zu verstehen, die nicht nach monolithischen Antworten sucht, sondern den Blick immer wieder neu auf die Brüche, Instabilitäten und Ausschlussprozesse richtet, mit denen eine Gesellschaft Geschlecht und Begehren reglementiert.[218]

Sonst würde es, unwissend in welche Richtung sich die Gesellschaft entwickelt, früher oder später zu erneuter Diskriminierung kommen. Um dem entgegen zu wirken ist zusätzlich ein Bewusstsein der Lernenden für Diskriminierung äußerst wichtig, was durch eine Aufnahme dieses Begriffs in ein Glossar unterstützt werden kann.[219]

6.) Fazit

Die Analyse von Unterrichtskonzepten bezog sich auf die Richtlinien zur Sexualerziehung, den Kernlehrplan, Lehrbücher sowie aktuelle wissenschaftliche Arbeiten zur Sexualerziehung und wurde durch einen Abriss der Genderforschung fundiert. Eine Verankerung einer

[216] Hartmann: Geschlechtliche und sexuelle Vielfalt im Kontext von Schule und Hochschule. S. 34.
[217] Ebd. S. 36.
[218] Recla: Konstruktiv Dekonstruktiv. S. 288.
[219] Es tut sich die Frage auf, ob man Ursachen für Inter*sexualität und Trans*gender in den schulischen Lernprozess mit aufnehmen sollte. Die Behandlung dieser Phänomene ist jedoch unangebracht, da sie aktuell als Veränderungen des körperlichen Entwicklungsprozesses gängig sind. Dadurch würden Norm und Abweichung produziert. Im schulischen Kontext muss das Augenmerk zunächst auf der Ausbildung der Persönlichkeit, implizit einer diversen Grundeinstellung eines jeden Lernenden, liegen. Dies schafft gute Grundvoraussetzungen und ermöglicht ein weiteres Interesse und eine weitere, eigene und unvoreingenommene Auseinandersetzung mit der Thematik.

queeren Grundeinstellung galt als Hauptkriterium für die Analyse. Unterteilt in weitere Unterpunkte wie die Statuierung von Binarität und Heteronormativität, sowie dem Kriterium eines gendergerechten Sprachstils und der Benennung von LGBTIQ* konnte die Untersuchung durch verschiedene Perspektiven kongruente Ergebnisse aufweisen.

Die Unterrichtskonzepte NRW´s sind lückenhaft und defizitär. Grundständig von Zweigeschlechtlichkeit durchzogen, fördern sie eine Individualentwicklung nur partiell. Das Subjekt steht in seiner Persönlichkeitsentfaltung im Vordergrund, doch wird nicht jedes Subjekt, bedingt durch unbedachte Wortwahl und Formulierung, miteinbezogen. Die Benennung von Trans*gender und Inter*sexualität wird nicht direkt gefordert und spiegelt sich dementsprechend nur bedingt in Lehrbüchern wieder. Dort wird diese Art der Vielfalt sachlich und knapp behandelt und in Teilen falsch erklärt. Die Unterrichtskonzepte greifen im Sinne einer binären Persönlichkeitsentwicklung ineinander und Kinder und Jugendliche werden dazu ermutigt, sich nicht in den gesellschaftlich konstruierten genderkonformen Verhaltensweisen einzuordnen. Bezüglich einer queeren, eventuell nicht binärkonformen Entwicklung findet diese Art der Stärkung nicht statt.

Um der Frage nachzugehen, wie Sexualerziehung in der Realität in den Klassenzimmern stattfindet, würde sich eine empirische Untersuchung anbieten, welche die Unterrichtseinheit der Sexualerziehung kriteriengeleitet untersucht. Jedoch müssten, falls die reale Praxis weiter entwickelt ist, als die untersuchten Unterrichtskonzepte, eine Anpassung derer geschehen. Im Falle dessen, dass die Unterrichtspraxis ebenfalls keine Miteinbeziehung von Trans*gender und Inter*sexualität berücksichtigt, müsste gleichermaßen eine Anpassung grundlegender Unterrichtskonzepte stattfinden, um mit der Entwicklung zu einer queeren Gesellschaft hin, zu beginnen. Besonders im Biologieunterricht kann man die Pathologisierung und Diskriminierung der Trans*- und Inter*menschen aus bioethischer Sicht kritisieren und sich gezielt mit den Begrifflichkeiten und Konzepten, welche hinter LGBTIQ* stehen, auseinandersetzten. Eine weitere Forschungsfrage lautet, inwiefern die Behandlung von Diskriminierung der LGBTIQ*menschen selbst eine Diskriminierung, heterosexuell-cisgeschlechtlicher Menschen, welche Diskriminierung ebenfalls ausgesetzt sein können, gegenüber produzieren würde. Aus der Arbeit geht selbstverständlich die Überlegung hervor, wie ein Lehrbuch im queeren Sinne gestaltet würde, ohne eine bestimmte Menschengruppe hervorzuheben und ohne die Vermittlung biologischen Fachwissens zu vernachlässigen.

„[*Q*]*eere* Bildungsarbeit ist keine ‚Kür' und kein ‚Sonderfall', sondern ein wichtiger Schritt hin zu einer partizipativen und gerechteren Welt"[220], welcher durch die herausgearbeiteten Defizite der Unterrichtskonzepte verhindert wird. „Bis diese neuen Perspektiven und das erweiterte Wissen jedoch Teil des beruflichen Selbstverständnisses werden, bedarf es

[220] Recla: Konstruktiv Dekonstruktiv. S. 288.

einer Bereitschaft zu Veränderung und auch Zeit".[221] Diese Bereitschaft kann gefördert werden, indem Unterrichtskonzepte insofern angepasst werden, dass sie ein berufliches Selbstverständnis von LGBTIQ* unterbewusst formen.

[221] Schmidt: Sexuelle und geschlechtliche Vielfalt – (k)ein pädagogisches Thema? S. 238.

Anhang

(1): Biologie Heute S. 262

1 Verliebt und voller Sehnsucht

(2): Biologie Heute S. 262

2 Verliebtes Pärchen

(3): Biologie Heute S. 263

4 Familie – ein neues Gefühl der Zusammengehörigkeit

(4): Biologie Heute S. 264

2 Vielfalt in Liebe und Sexualität

1 Heterosexuelles Paar

2 Lesbisches Paar

3 Schwules Paar

Jeder Mensch ist ein Individuum und hat einzigartige Charakterzüge, Eigenschaften, Vorlieben und Verhaltensweisen. Die Vielfalt an Persönlichkeiten, die sich daraus ergibt, macht das Zusammenleben der Menschen interessant und abwechslungsreich.

Vielfalt herrscht auch in der Liebe, Sexualität und beim Geschlecht. Dabei kann man zwischen dem **biologischen Geschlecht**, das durch die Geschlechtschromosomen sowie die Geschlechtsorgane festgelegt ist, und dem **psychischen Geschlecht**, der inneren Überzeugung, ein Mann oder eine Frau zu sein, unterscheiden. Außerdem gehört die **sexuelle Orientierung**, das heißt, zu welchem Geschlecht man sich hingezogen fühlt, zur Identität und Persönlichkeit eines Menschen.

Die meisten Frauen und Männer fühlen sich hauptsächlich zu Menschen des anderen Geschlechts hingezogen. Man bezeichnet sie als **heterosexuell.**

Schätzungen zufolge fühlen sich etwa ein bis zwei Prozent der Frauen und zwei bis vier Prozent der Männer in Deutschland zu Menschen des eigenen Geschlechts hingezogen. Man nennt sie **homosexuell.** Homosexuelle Männer bezeichnet man als **schwul,** homosexuelle Frauen als **lesbisch.** Der Prozess, in dem es einem Menschen bewusst wird, dass er homosexuell veranlagt ist, und in dem er es dann anderen Menschen wie Freunden und Bekannten erzählt, heißt **Coming Out.** Wie zu heterosexuellen Partnerschaften gehören auch zu homosexuellen Beziehungen Liebe, Nähe, Vertrauen, Intimität, Verantwortung, Lust sowie Eifersucht und Liebeskummer.

Wenn Menschen sich von Menschen beider Geschlechter angezogen fühlen, also manchmal von einem Mann und ein anderes Mal von einer Frau, nennt man sie **bisexuell.**

(5): Biologie Heute S. 265

Bei einigen Menschen stimmt das psychische Geschlecht nicht mit ihrem biologischen Geschlecht überein. Sie identifizieren sich mit dem anderen Geschlecht und fühlen sich falsch in ihrem Körper. Man bezeichnet sie als **transsexuell.** Einige Transsexuelle nehmen Medikamente oder lassen sich operieren, um so weit wie möglich dem anderen Geschlecht ähnlich zu sehen. Andere, sogenannte **Transvestiten,** tragen die Kleidung des anderen Geschlechts. Zu welchem Geschlecht sich transsexuelle Menschen hingezogen fühlen, ist von Person zu Person unterschiedlich. Sie können hetero-, homo- oder bisexuell sein.

Menschen, die anhand ihrer inneren und äußeren Geschlechtsmerkmale nicht eindeutig dem männlichen oder weiblichen Geschlecht zugeordnet werden können, bezeichnet man als **intersexuell.** Sie können zum Beispiel gleichzeitig männliche und weibliche Geschlechtsorgane besitzen. Die geschätzte Häufigkeit dieser besonderen Geschlechtsentwicklung liegt zwischen 1:500 bis 1:5000.

Intersexualität wird oft schon bei Neugeborenen festgestellt. Früher wurden diese Kinder in der Regel operiert, sodass sie eindeutig männlich oder weiblich aussahen. Dabei wurde die Operation nicht durchgeführt, weil sie wichtig für die Gesundheit der Kinder war, sondern eher aus Angst vor den Problemen, die sie aufgrund ihrer Intersexualität bekommen könnten. Heute wartet man, bis die Betroffenen selbst entscheiden können, mit welchem Geschlecht sie sich identifizieren und ob sie sich operieren lassen möchten.

Die Reifung des Bewusstseins, ein Mann oder eine Frau zu sein und zu welchem Geschlecht man sich hingezogen fühlt, ist ein wichtiger Schritt der Persönlichkeitsentwicklung und Identitätsfindung eines Menschen. Sie spielt eine bedeutende Rolle für sein persönliches Glück, weshalb jeder Mensch das Recht hat, so zu leben und zu lieben, wie er sich fühlt, solange er damit nicht die Rechte anderer verletzt. Dieses **Recht der sexuellen Selbstbestimmung** ist im Grundgesetz verankert. Um gleichzeitig die Rechte aller Menschen zu schützen, sind aber auch bestimmte sexuelle Handlungen, etwa Vergewaltigungen oder sexuelle Handlungen mit Kindern, verboten.

4 Regenbogenfarben – Symbol der sexuellen Vielfalt

1. Erkläre den Unterschied zwischen dem biologischen und psychischen Geschlecht.
2. Gib für die verschiedenen Formen der Sexualität in einer Tabelle an, mit welchem Geschlecht sich die Betroffenen identifizieren und zu welchem Geschlecht sie sich hingezogen fühlen.
3. Begründe die Forderungen betroffener Menschen, das Wort „transsexuell" durch „transidentisch" und „intersexuell" durch „Inter*" zu ersetzen.
4. Wenn ein Kind weder dem männlichen noch dem weiblichen Geschlecht zugeordnet werden kann, kann die Angabe des Geschlechts im Geburtenregister weggelassen werden. *„Was Intersexuellen helfen sollte, schafft neue Probleme.“* Erkläre diese Aussage.

A 

B 

C 

5 Geschlechtssymbole. A Frau; B intersexueller Mensch; C Mann

(6): Biologie Heute S. 266:

AUFGABEN Liebe und Sexualität

1 Entwicklung der Geschlechtsidentität

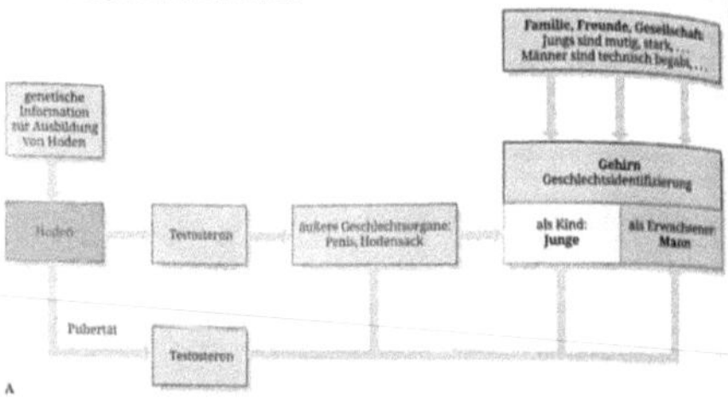

A

Bei jedem Mensch entwickelt sich im Verlauf seines Lebens, mit welchem Geschlecht er sich als Erwachsener identifiziert. Verschiedene Faktoren beeinflussen diesen Prozess:

Bis zum 3. Monat ist das Geschlecht eines menschlichen Embryos noch nicht festgelegt. Er hat nur undifferenzierte Anlagen der Keimdrüsen und Geschlechtsorgane. Besitzt er die genetische Information zur Ausbildung von Hoden, entwickeln sich diese in der sechsten bis achten Schwangerschaftswoche. Die Hoden produzieren große Mengen Testosteron, wodurch sich die Anlagen der Geschlechtsorgane zu Penis und Hodensack entwickeln. Wird dagegen kein Testosteron im Embryo produziert, entwickeln sich die Keimdrüsenanlagen spontan zu Eierstöcken und aus den Anlagen der Geschlechtsorgane entstehen die Geschlechtsorgane einer Frau.

B

- (a) Beschreibe anhand der Abbildung A, wie sich im Laufe des Lebens die Geschlechtsidentifikation eines Mannes entwickelt.
- (b) Zeichne eine entsprechende Abbildung zur Entwicklung der Geschlechtsidentifikation einer erwachsenen Frau.
- (c) Erkläre den Unterschied zwischen Geschlechtsidentifikation und Geschlechtsorientierung.
- (d) Erkläre die Bedeutung der Symbole in Abbildung B und gib für jede Person die Geschlechtsidentifikation und sexuelle Orientierung an.
- (e) Erkläre an einem Beispiel, wie das Frauen- beziehungsweise Männerbild innerhalb einer Gesellschaft die Entwicklung der Geschlechtsidentifikation beeinflussen kann.
- (f) Auch in einem Embryo wirken Hormone nur auf Zielzellen, die die spezifischen Hormonrezeptoren besitzen. Stelle eine Hypothese zur Entwicklung des Geschlechts eines Embryos auf, dessen Zielzellen defekte Testosteronrezeptoren besitzen.

Wer kann	Person
sich nachts auf der Straße einer Großstadt sicher fühlen?	
seinen Freund oder seine Freundin ohne Vorbehalte auf der Straße küssen?	
in jede Disko reinkommen, die er besuchen möchte?	
problemlos eine Stelle als Erzieher oder Erzieherin annehmen?	
seinen Partner, seine Partnerin heiraten?	
ein Kind adoptieren?	
sich scheiden lassen?	
an einer Hochschule studieren?	
sich sicher sein, dass am Arbeitsplatz seine Interessen berücksichtigt werden?	
sich sicher fühlen vor sexueller Belästigung und Übergriffen am Arbeitsplatz?	
ohne Schwierigkeiten eine öffentliche Toilette nutzen?	
ohne Probleme im Schwimmbad in der Gemeinschaftsdusche duschen?	
sich sicher sein, den gleichen Lohn für die gleiche Arbeit zu bekommen wie seine Kolleginnen oder Kollegen?	

- (a) Schreibe die erste Spalte der Tabelle ab und ergänze 12 weitere Spalten. Trage darin folgende Personen ein: heterosexueller Mann, heterosexuelle Frau, homosexueller Mann, homosexuelle Frau, bisexueller Mann, bisexuelle Frau, intersexueller Mensch mit weiblichem Phänotyp, transsexuelle Frau, geistig beeinträchtigter Mann, HIV-infizierter Mann, Frau mit dunkler Hautfarbe, Mann im Rollstuhl
- (b) Gib durch ein Pluszeichen in den entsprechenden Spalten an, was die betreffenden Personen deiner Meinung nach können.
- (c) Vergleicht eure Tabellen und diskutiert Unterschiede in euren Antworten.
- (d) „Allen Menschen muss unabhängig von ihrer bevorzugten Sexualität Respekt entgegengebracht werden." Nimm Stellung zu dieser Aussage.

(7): Natura Biologie S. 190

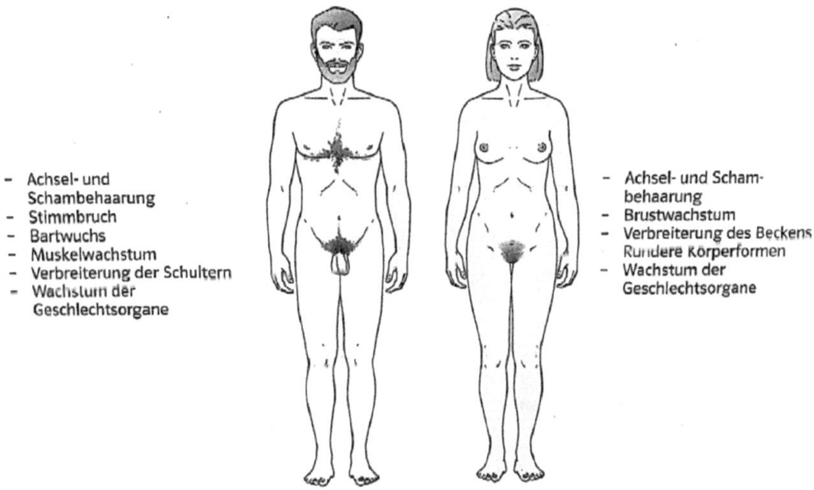

2 *Sekundäre Geschlechtsmerkmale*

(8): Lindner Biologie S. 200

(9): Lindner Biologie S. 201

(10): Lindner Biologie S. 202

(11): Lindner Biologie S. 203

3 **Paarbeziehung.** A Austausch von Zärtlichkeiten;, B Auseinandersetzung

(12): Natura Biologie S. 192

1 *Verschiedene Paare*

(13): Lindner Biologie S. 215

Literaturverzeichnis

Allen, Louisa: Schooling Sexual Cultures. Visual Research and Sexual Education. New York 2017 (=Routledge: Critical Studies in Gender and Sexuality in Education, Bd. 6).

Becker, Georg E.: Sexualität in der Schule. Sexuelle Freiheit und sexueller Missbrauch – ein schulpädagogisches Problem? Augsburg 2011.

Berger, Fred / Schubarth, Wilfired (Hrsg.): Sexuelle Bildung in der Schule. Themenorientierte Einführung und Methoden. Stuttgart 2017 (= Brennpunkt Schule). .

Butler, Judith: Das Unbehagen der Geschlechter. 19. Auflage. Frankfurt am Main 1991 (= 722).

Degele, Nina / Dries, Christian / Schirmer, Dominique (Hrsg.): Gender / Queer Studies. Eine Einführung. Paderborn 2008.

Eck, Monika / Hegemann, Birgit / Marx, Ulrike [u.a.]: Natura Biologie 1. Ausgabe für Nordrhein-Westfalen. Stuttgart 2016.

Ehrensaft, Diane: From Gender Identity Disorder to Gender Identity Creativity. The Liberation of Gender-Nonconforming Creativity. In: Supporting Transgender & Gender Greative Youth. Schools, Families, and Communities in Action. Hrsg. Von Dennis Carlson und Eliztabeth Meyer. New York 2014. S. 13-25.

Funk, Wolfgang: Gender Studies. Paderborn 2018.

Genschel, Corinna (Hrsg.) / Lay, Caren (Hrsg.) / Wagenknecht, Nancy (Hrsg.) u.a.: Queer Theory. Eine Einführung. 2. Auflage. Berlin 2005.

Gewerkschaft Erziehung und Wissenschaft (Hg.): Geschlechterkonstruktionen und die Darstellung von Lesben, Schwulen, Bisexuellen, Trans* und Inter* (LSBTI) in Schulbüchern. Eine gleichstellungsorientierte Analyse mit einer Materialsammlung für die Unterrichtspraxis im Auftrag der Max-Traeger-Stiftung. Frankfurt am Main 2011.

Hartmann, Jutta / Klesse, Christian / Wagenknecht, Peter (Hrsg.) [u.a.]: Heteronormativität. Empirische Studien zu Geschlecht, Sexualität und Macht. Wiesbaden 2007.

Hartmann, Jutta: Geschlechtliche und sexuelle Vielfalt im Kontext von Schule und Hochschule. Normativität und Ambivalenz als zentrale Herausforderungen einer Pädagogik vielfältiger Lebensweisen. In: Sexuelle Vielfalt im Handlungsfeld Schule. Konzepte aus Erziehungswissenschaft und Fachdidaktik. Hg. Von Martin Lücke. Bielefeld 2015. S. 27-47.

Hausfeld, Rainer (Hg.): bioskop 7-9. Gymnasium Nordrhein-Westfalen. Braunschweig 2017.

Hoffmann, Markus: Schulische Sexualerziehung. Deutungsmuster von Lehrenden. Opladen, Berlin & Toronto 2016.

"Homophobie existiert nicht". Kardinal Müller vergleich LGBTI-Aktivisten mit Nazis und Kommunisten (2018). https://www.queer.de/detail.php?article_id=31220 (Stand: 18.08.2018).

Huch, Sarah: Geschlechtliche und sexuelle Vielfalt in der Didaktik der Biologie. Ausgangspunkte und Perspektiven für die Initiierung von Bildungsprozessen. In: Sexuelle Vielfalt im Handlungsfeld Schule. Konzepte aus Erziehungswissenschaft und Fachdidaktik. Hg. Von Martin Lücke. Bielefeld 2015. S. 181-205.

Joußen, Heinrich / Walory, Michael (Hrsg.): Biologie Heute 2. Nordrhein-Westfalen. Braunschweig 2017.

Jülich, Christian und Fehrmann, Joachim: Schulgesetz Nordrhein-Westfalen. Schulrecht NRW im Überblick mit Erläuterungen für Ausbildung und Praxis. 6. Auflage. Köln 2017.

Jürgens, Eiko (Hg.): Sexualerziehung. Unterrichtsprinzip in allen Fächern. Neuwied, Kriftel 2002.

Kempe-Schälicke, Conny Hendrik: Erste-Hilfe-Maßnahmen am Unfallort Schule. Lesbische, schwule, bisexuelle, trans* und inter* (LSBTI) Lebensweisen sichtbar machen. In: Selbstbestimmung und Anerkennung sexueller und geschlechtlicher Vielfalt. Lebenswirklichkeiten, Forschungsergebnisse und Bildungsbausteine. Hrsg. Von Friederike Schmidt, Anne-Christin Schondelmayer und Ute B. Schröder. Wiesbaden 2015. S. 241-246.

Klapeer, Christine M.: Vielfalt ist nicht genug!. Heteronormativität als herrschafts- und machtkritisches Konzept zur Intervention in gesellschaftliche Ungleichheiten. In: Selbstbestimmung und Anerkennung sexueller und geschlechtlicher Vielfalt. Lebenswirklichkeiten, Forschungsergebnisse und Bildungsbausteine. Hrsg. von Frederike Schmidt / Anne-Christin Schondelmayer und Ute B. Schröder. Wiesbaden 2015. S. 25-44.

Konopka, Hans-Peter / Wolff, Gabriele (Hrsg.): Lindner Biologie 2. Nordrhein-Westfalen. Braunschweig 2017.

Leienbach, Karl-Wilhelm (Hg.): Biosphäre. Band 7-9 Gymnasium Nordrhein-Westfalen. Berlin 2016.

Magnus, Cristian / Fereidooni, Karim: Heteronormativität und Diversity – Sexuelle Orientierung als Aspekt der Lehrer_innenbildung? In: Schule gemeinsam gestalten. Beiträge für Wissenschaft und Praxis aus dem Studienkolleg der Stiftung der Deutschen Wirtschaft und der Robert Bosch Stiftung. Hrsg. Von Martin Drahmann und Jonas Scharfenberg. Münster / New York 2017 (=Gemeinsam Schule gestalten, Bd. 1). S. 86-102.

Ministerium für Schule (Hg.): Richtlinien für die Sexualerziehung in Nordrhein-Westfalen. Frechen 1999 (=unveränderter Nachdruck 2011, Heft 5001).

Ministerium für Schule und Weiterbildung (Hg.): Kernlehrplan für das Gymnasium – Sekundarstufe I in Nordrhein-Westfalen. Biologie. Frechen 2008 (=Heft 3413).

Rauchfleisch, Udo: Transsexualität – Transidentität. Begutachtung, Begleitung, Therapie. 4. Auflage. Göttingen. 2014.

Recla, Ammo / Schmitz-Weicht, Cai: Konstruktiv Dekonstruktiv. Ansätze einer queeren Bildungsarbeit. In: Sexuelle Vielfalt im Handlungsfeld Schule. Konzepte aus Erziehungswissenschaft und Fachdidaktik. Hg. Von Martin Lücke. Bielefeld 2015. S. 275-289.

Remus, Juana: Inter*Realitäten. Variabilität und Uneindeutigkeit des Geschlechts als Herausforderung für Recht und Gesellschaft. In: Selbstbestimmung und Anerkennung sexueller und geschlechtlicher Vielfalt. Lebenswirklichkeiten, Forschungsergebnisse und Bildungsbausteine. Hg. von Frederike Schmidt. Wiesbaden 2015. S. 63-74.

Rhiem, Sandy / Spieß, Christian / Thelen, Silvan: Natura Biologie 2. Ausgabe Nordrhein-Westfalen ab 2016. Stuttgart 2017.

Stehr, Johannes: Normalität und Abweichung. In: Soziologische Basics. Eine Einführung für Pädagogen und Pädagoginnen. Hg. von Alberst Scherr. Wiesbaden 2006. S. 130

Schmidt, Friederike / Schondelmayer, Anne-Christin: Sexuelle und geschlechtliche Vielfalt – (k)ein pädagogisches Thema? Pädagogische Perspektiven und Erfahrungen mit LSBTI. In: Selbstbestimmung und Anerkennung sexueller und geschlechtlicher Vielfalt. Lebenswirklichkeiten, Forschungsergebnisse und Bildungsbausteine. Hrsg. Von Friederike Schmidt, Anne-Christin Schondelmayer und Ute B. Schröder. Wiesbaden 2015. S. 223-239.

Schmutziger Wahlkampf. Katholischer Bischof: Homosexualität ist wie Down-Syndrom (2015). https://www.queer.de/detail.php?article_id=23382 (Stand: 16.08.2018).

Timmermanns, Stefan: Umgang mit Vielfalt in Erziehung und Beratung. Lesben und Schwule an deutschen Schulen. In: Sexuelle Vielfalt lernen. Schulen ohne Homophobie. Hg. Von Barry van Driel. Berlin 2008. S. 58-69.

Transgender. 05.06.2018. https://uni-due.de/genderportal/studis_transgender.shtml (12.08.2018)

Unterrichtskonzepte. http://hoeflich.homepage4kmu.at/documents/de/Unterrichtskonzepte1.pdf (Stand 15.08.2018).

Von Martial, Ingrid: Sexualerziehung in der Schule und Elternrecht. Frankfurt am Main 1990.

Zehnder, Kathrin: Zwitter beim Namen nennen. Intersexualität zwischen Pathologie, Selbstbestimmung und leiblicher Erfahrung. Bielefeld 2010.